フィールドの生物学―④

虫をとおして森をみる

熱帯雨林の昆虫の多様性

岸本圭子 著

東海大学出版会

Discoveries in Field Work No.4
Forest and insects
-Insect diversity in a tropical rainforest

Keiko KISHIMOTO
Tokai University Press, 2010
Printed in Japan
ISBN978-4-486-01843-8

はじめに

私はいつものように国立公園内のトレイルを歩いて目的地まで向かっていた。やはりいつもとは違う。ところどころで、強い花の匂いがするのだ。花は地上からおおよそ四〇メートルのところに出現するので下からは確認できないが、こうして花の匂いで「一斉開花」がはじまったことを実感する。そして、久しぶりに彼らに会えるだろうかと、花に集まる昆虫を一つひとつ思い浮かべながら、期待で胸がいっぱいになった。

一斉開花とは、多くの樹木が数ヵ月の短い間に集中して開花を同調させる現象をいう。一斉開花は数年に一度の不規則な間隔でおこり、年内のどの時期に咲くかも決まっていないので、長年一斉開花に関する研究に携わってきた専門家でもその発生を予測するのは難しいのだ。私は、その一斉開花現象をはじめとして予測性の低い環境条件と昆虫の関係について明らかにしようと、東南アジア島嶼部のボルネオ島マレーシアのランビルヒルズ国立公園で研究を行ってきた。

熱帯生態学や生物学を題材にした書物は、おもしろいものが多い。対象にしている生き物が、私たちの普段の生活では目にしないものだから興味をひくのかもしれない。そして、そうした話題を提供してくれる研究者たちの姿はじつにかっこいいのだ。実際には、先達の研究には、地道なフィールドワークがあるからこそ、新しい現象を解き明かすことができたという背景があるのだが、フィールドワークを経験していない人たちがその「地味な」研究生活を想像することはほとんどないことに気づいた。最近、熱帯で研究がしたいという学生をよくみかける。ある現象を探求したい、この虫のことを深く知りたいなど、そういった初歩的でも明確な目的をもっている人もいるが、漠然としたイメージでこの世界に入ってくる人もいる。その中には、想像とは異なる地道な作業や調査の難しさを克服する努力ができずやめていってしまう人も少なからずいた。フィールドワークは思い通りにいかないことも多く、緻密な計画を立てても、現場で変更せざるをえないことがしばしばである。本書では、研究の成果からはみえてこない、予測不能な自然現象とトラブルなどの厳しい現実、そして豊穣な熱帯の高い多様性に翻弄される私自身のフィールドワークの体験談を交えながら、研究の内容について紹介する。

私は、フィールドワーク暦一三年でフィールド研究の経験は決して長いとはいえない。また、博士課程の研究に費やしたフィールド滞在日数は通算五六〇日程度と、短い。そのような私が「フィールドの生物学シリーズ」の執筆陣として声をかけていただいたのは、執筆陣のなかに若手の女性研究者が少なかったことが大きいと思う。このように書くと、この本を手にとってくださった方は、フィールド研究は女性の活躍の場が少ない「男の世界」と思われるかもしれない。しかし、現在、国内外のフィールド調査を中心に生物の研究を行い、学会などで活躍されている若手女性研究者の数は意外と多い。実際に、フィールド研究を続けてきて、普段の生活で感じる男女の差よりも強くその差を意識することはほとんどなかった。もちろん、指導教官をはじめ身近にいた先生、先輩方や仲間たちの理解があったことも実感している。私自身、フィールドの調査研究は女性にとって特別な行為ではなく、むしろ、研究対象や、フィールドワークの進め方と工夫しだいで、女性が活躍できる場でもあり、それをどのように個性に転じるかが重要なのだろうと思っている。とはいえ、フィールドワークを続けてきて、女性ならではの悩みがなかったというわけではないので、女性ならではのエピソードも本書に含めたつもりである。

冒頭の一斉開花は二〇〇九年九月のでき事で、私にとって人生に二度目の一斉開花であった。実際には期待したほど昆虫が採れずがっかりしたのだが、その時の観察から新しいアイデアを思いつくこととなった。しかし、それを本格的な研究として実行するのは次の一斉開花がはじまってからだ。フィールドを出れば就職難という厳しい現実に直面しているわれわれ若手研究者にとって、次の一斉開花までの時間は長くて険しく感じられるかもしれないが、それでも私は次の一斉開花が待ち遠しい。本書を通し、フィールドワークの地味でかっこ悪い一面とともに、フィールドワークの魅力を、これから生物学をはじめようという若者にこそ伝えることができたら幸いである。

目次

第1章
ボルネオの熱帯雨林へ

図1・1　本書で登場する調査地の位置．ランビルヒルズ国立公園（北緯4° 2′ 東経113° 50′ 海抜150-200メートル）は，海岸から10キロメートルほど内陸部にあり，約6500ヘクタールの原生林が残されている．

東南アジア熱帯雨林の特徴

東南アジア島嶼部、具体的にはマレー半島、ボルネオ島、スマトラ島の一部などは、年中温暖で、雨もほぼ一年を通してじゅうぶんに降る。そのような地域に成立する森林は熱帯雨林と呼ばれる。一方で、月の降雨量が一〇〇ミリメートルを切るような月が数ヵ月続くと、植物は乾燥のストレスを受け落葉する。そうした地域では、雨期と乾期の境界が明瞭になり、植物は毎年同じ頃葉を落とし、そして展開する。そうした森林を熱帯季節林と呼ぶ。

私がボルネオの熱帯雨林に興味をもったのは、この地域特有の気候や、植物フェノロジー[*1]の「予測性の低さ」である。たとえば、本書の舞台となるランビルヒルズ国立公園（図1・1；以後、ランビル）は、雨の少ない時期は存在するものの、他の地

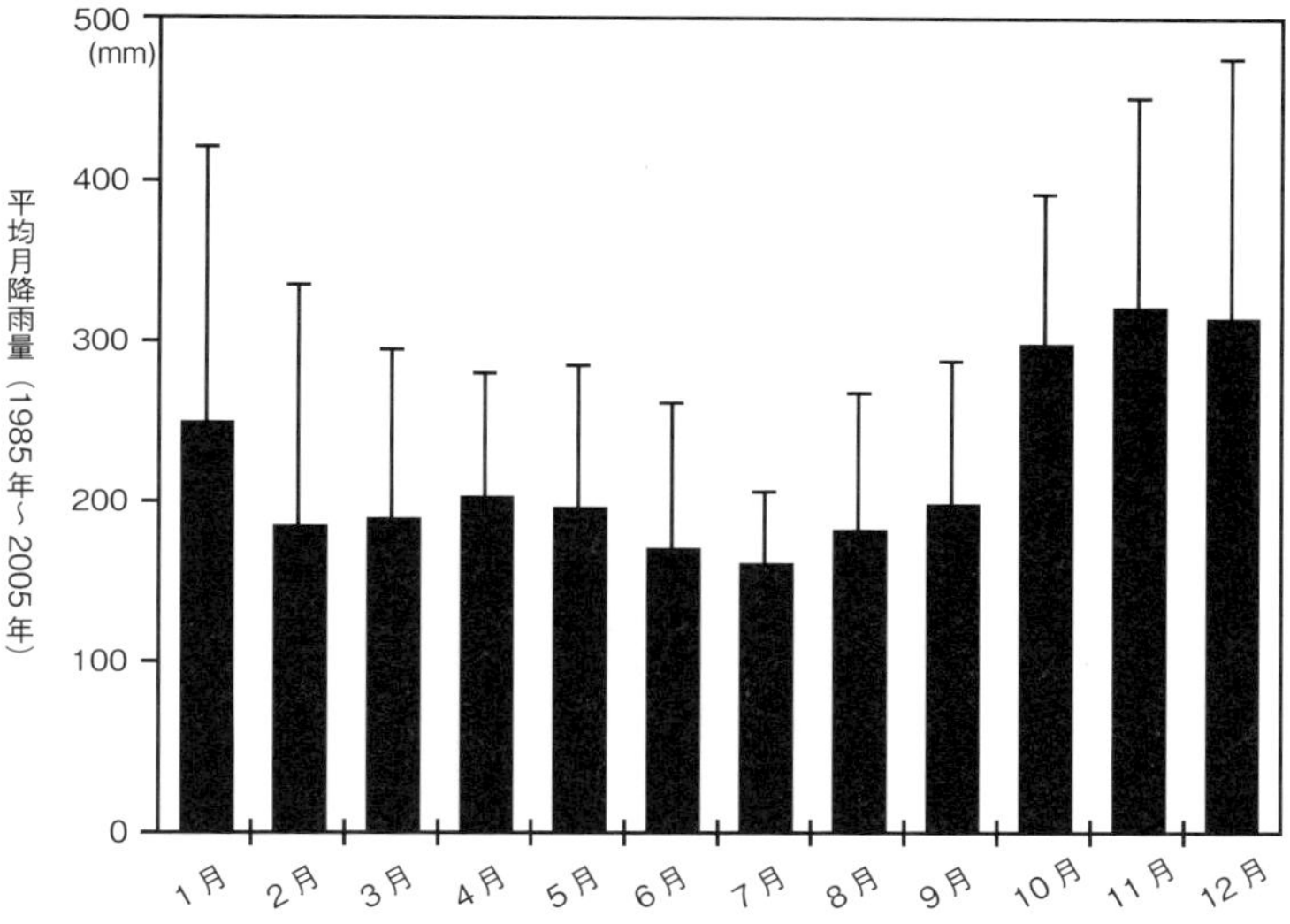

図1・2　ランビル周辺の雨量の季節変化．バーは標準偏差を表す．出典：Malaysian Meteorological Service, Department of Irrigation and Drainage, Malaysia.

域に比べて、雨の少ない時期と多い時期の雨量の差がきわめて小さい。そして、この地域の植物の展葉（新しい葉が展開すること）や落葉は、毎年決まった時期に起こらない。これは、熱帯季節林の植物の展葉期、落葉期が周期性をもっていることと対照的である。

具体的には、ランビルとその周辺地域の雨量の季節性について詳しいことがわかっているので紹介しよう。ランビルから二〇キロメートル離れたところにあるミリ空港で測定されていた三〇年以上の雨量データと、ランビルの一年分の雨量データを使って、その地域の雨量の特性について調べた研究によると（Kumagai et al., 2005, 2009）、ランビルは二～九月の間は乾燥し、一〇～一月にかけて雨が多い傾向がみられた。一方で、三月は必ずしも雨量が少ないわけではなく、一月もまた必ずしも雨量が多いわけではないこともわかった。つまり、ランビルは、乾期がはじまるタイミングが毎年決まっている傾向はなく、雨期と乾期の境界が不明瞭なのだ。図1・2は、ランビルの北西約三キロメートル離れたブキットランビルステーションで測定された二〇年分の雨量データをもとに作成した。図からも、雨量の季節性がいかに弱いかが理解できるだろう。

このように、ランビルの温度や雨量の季節性は弱いが（本書ではこの特徴を非季節性と呼ぶ）、年次を超えた長期的なスパンで考えると、雨量は大きく変動している。東南アジア島嶼部は、二〜七年の不規則な周期でエルニーニョが起こる年に、旱魃《かんばつ》に見舞われることが知られている。平年は、太平洋を東から西へ吹く貿易風によって、太平洋西部（インドネシア沖）に暖水が吹きよせられる。暖水のため大気中に大量の水蒸気が供給され、この地域の上空では雲が発生し雨が降る。一方、エルニーニョの年には、貿易風が弱まることで暖水が東へ広がり、上空で雲ができにくくなることによって、この地域は乾燥する。

さらに、エルニーニョに連動した旱魃とは別に、短期の乾燥が不規則に発生することが明らかにされ、その短期の乾燥が植物の開花や展葉を引き起こすことが最近になってわかってきた。このようなボルネオ熱帯雨林に特徴的な予測性の低い気候の変動と、それに伴う植物フェノロジーの変動は、そこに生息する昆虫の数の変動にどのような影響を与えるのだろうか。これが私の研究のメインテーマである。

＊（1）フェノロジーは、花が咲く時期や新葉が展開する時期、昆虫の出現する時期など生物の季節的な変化を表す。

フタバガキ混交林

東南アジア島嶼部の低地に広がる熱帯雨林は、フタバガキ科というグループの樹木が優占している。たとえば、ランビルでは、五二ヘクタール内に胸高直径一センチメートル以上の樹木九〇科一一九二種が生育する（Lee et al., 2002）。単純に種数を科数で割ってみると一科あたり平均一三種を擁することになる。しかし、実際には、フタバガキ科だけで八七種も占めるのだから、フタバガキ科がいかに高い多様性を誇り、その地域の代表グループであることを想像してもらえるだろう。

写真1・1　フタバガキ林．下に見える白い服を着た人を目印にして，樹木の高さを感じてほしい．上層部では枝葉が茂る．（撮影：市岡孝朗）

フタバガキ科が優占する森でわれわれを圧倒させるのは、その樹高である。フタバガキ科樹木はまっすぐに伸び、地上四〇〜六〇メートル部分に枝葉が茂る（写真1・1）。樹高が八〇メートルに達するような突出木もみられる。フタバガキ科樹木がもっとも豊富な森林では、

写真1・2　フタバガキ科サラノキ属の一種*Shorea smithiana*の花上でサザグモ科（?）の一種がハリナシバチの*Trigona ventralis*を捕食するところ.

全樹種の一〇パーセントを占め、高木のみを対象にすると、全体の八〇パーセントがフタバガキ科で構成されることがわかっている（Ashton et al., 1988）。そうしたフタバガキ林の林冠部は、光合成などの生物の生産活動の核心部でもある。そこは、フタバガキ科樹木を餌や巣場所として利用する生物が集まるだけでなく、その生物を捕食する生物や寄生する生物も存在し（写真1・2）、フタバガキ林の林冠部を中心とした生物間相互作用のネットワークは無数に広がる。現状では、生涯かけても、そのネットワークの全容を明らかにすることはできないと考えざるをえないほど、フタバガキが支える多様性は豊潤である。

東南アジア島嶼部のフタバガキ混交林だけでなく、熱帯林（熱帯雨林と熱帯季節林を合せて熱帯林と呼ぶ）の林冠部は、有名なテリー・アーウィン（Terry Erwin）博士の言葉「林冠は最後のフロンティアだ」に象徴されるように、文字通り手の届かないフィールドであった。しかし、熱帯林林冠研究が幕を開け、ここ二〇年の間に、林冠にアクセスする技術は飛躍的に進んできており、昨今では林冠は未踏の地ではなくなりつつある。とはいうものの、誰でもが林冠にアクセスするシステムが整備されたフィールドステーションは世界的にもまだ限られている。ランビルは、林冠研究に理想的な設備が整っているフィールドステーションの一つである。

フィールドステーション・ランビルヒルズ国立公園

ランビルヒルズ国立公園は、標高四六五メートルのランビル山を中心に、約六五〇〇ヘクタールの原生林が広がる。一九九二年に研究ステーションが設立され、現在にいたるまで、多くの研究者がさまざまな分野の研究を行ってきた。公園には、大面積調査区（五二ヘクタール）と林冠調査区（八ヘクタールと四ヘクタール）が設けられ、樹木の空間的な分布パターンや、インベントリー（ある地域に生息する生物種の目録を作成すること）、樹木の群集動態、植物フェノロジー、生物間相互作用網に関する調査など、調査グループ、調査方法、研究目的も多岐にわたる。林冠部の調査は、調査区それぞれに建てられたウォークウェイ（吊り橋）とクレーンを利用して展開された。

一九九二年、地上からおよそ四〇〜六〇メートルの林冠部にアクセスするため、二基のタワーでつながれたウォークウェイが八ヘクタール調査区内に建設された（写真1・3）。かつては、一本目のタワーか

写真1・3　ランビルの8ヘクタール調査区に設営された林冠ウォークウェイ．歩いているのは筆者．（撮影：市岡孝朗）

写真1・4　林冠ウォークウェイ．はしごを上って樹冠に到達する．（撮影：市岡孝朗）

ら二本目のタワーまで八本の高木を中継して九本の橋がかかっており、全長三〇〇メートルと世界でも有数の長さを誇っていた。残念ながら、現在は、倒木のため二本の橋が取り外され、一基目のタワーから二基目のタワーまでウォークウェイはつながっていない。ウォークウェイの中継木にははしごが取りつけられており、それぞれの樹冠にたどり着くことができる(写真1・4)。樹冠には、一~二人が作業できる程度のスペースが確保されたテラスが設けられているので、長時間の観察も可能だ(写真1・5)。中継木以外にもいくつかの樹木にははしごがかけられており、それらを登ることもできる。こうしたウォークウェイシステムやはしごを駆使して林冠部にアクセスできるようになったおかげで、ランビルでは一斉開花のときにどの樹種の花にどのような動物や昆虫が集まるのかを群集レベルではじめて明らかにすることができたのだ(第3章参照)。

写真1・5　地上から60メートル部分のテラスの上で葉上の昆虫を観察する筆者．ウォークウェイでの調査は，常にハーネスをつけ安全を確保する．（撮影：市岡孝朗）

二〇〇〇年三月には、高さ八五メートルもの巨大クレーンが四ヘクタール調査区内に建設された(写真1・6)。構造的には、クレーンを使えば、直径一五〇メートル、高さ七〇メートル程の円筒内に存在するす

写真1・6　4ヘクタール調査区に設営されたクレーン．（タワーの高さは85メートル・ジブの長さは75メートル）．

べての樹木にアクセスできる。実際には、枝葉に遮られアクセスできる部分には限界があるものの、少なくとも一五〇本程度は優れた技術がなくても容易に近づくことができる。一方で、これまでよく使われてきたウォークウェイやはしごは、手の届く範囲がより限られていたので、調査や実験のためだからといって無造作に枝葉を切ることができなかった。また、アクセスできる樹木の数も限られており、一樹種に対して複数の個体を調査対象とすることが難しかった。研究の信頼度をより高めるには、なるべく多くの個体で同じことが起こっていることを示すことが重要だ。クレーンを使ってアクセスできる樹木の数が飛躍的に増えたことで、これまでの問題点はすべて解決された。

林冠生物調査のためのクレーンは、現在では稼動されていないものもあるが、温帯も含めて世界中で一一基が存在する。このような大規模な林冠アクセスシステムが充実しているところでなければ、自力で樹に登るしかないが、ザイルを使って樹冠に到達したとしてもそこに長時間留まって昆虫の観察をするの

写真1・7　ウォークウェイ（地上からおおよそ15メートル地点）から見た林床のようす．写真中央に林床部で調査する人が見える．

は至難なことだろう。

コラム　林冠調査の注意事項

ランビルではウォークウェイやクレーンは、研究をする者ならば誰でも利用できるが、高所での作業は、自分が落ちないことはもちろん、所持品を落としたら林床で作業をしている人に大けがをさせてしまうこともありうるので、つねに緊張感をもって行っている（写真1・7）。珍しい昆虫が通りすぎたからといって、われを忘れて採集するわけにはいかないのだ。

ウォークウェイ上での調査は、橋の揺れさえ気にならなければ、あとは自分の足で歩いて、ときどきはしごを上り下りするだけであるが、クレーンの使用は運転技術を学ばなければならない。クレーンの運転は、ゴンドラに乗り

写真1・8　クレーンの支柱最上階にオペレーションルームがある．オペレーションルームには，エレベーターを使ってのぼる．

写真1・9　ジブから吊るされたゴンドラにのって昆虫採集を行っているようす．ゴンドラ上で捕虫網を使う場合は，大人3人が乗り込むときゅうくつに感じる．

込みリモコンで操作するか、支柱の最上階にあるオペレーションルームで操作する（写真1・8）。後者の場合、オペレーションルームの運転手がみえる範囲は限られているので、ゴンドラに乗っている人がトランシーバーを使って細かい指示をだす。たとえば、ある特定の樹木で虫を採ることにしよう（写真1・9）。オペレーションルーム内では座標を確認するモニターがあるので、モニターをみながら目標とする樹木の座標を頼りに運転手がゴンドラを移動させる。樹木が近づいたら、今度はゴンドラ内の人が、枝に捕虫網や手が届くまで接近するように前後、左右、上下の細かい移動の指示をする。万が一、枝にぶつかったりしたらひじょうに危険なので、運転は慎重に行われている。このように安全に運転するために、クレーンの使用者は数日間の講習を受け、練習を繰り返し、最終的には講師の前で運転し合否の判定をしてもらうことになっている。

私は、高所での作業が怖いということはなかったが、ゴンドラのなかでは、フィールドノートに字を書いたり、網を振ったり、採集した虫をサンプル管に入れたりと下を頻繁に見るため、酔って作業を続けられなくなるのが最大の悩みだった。それでも酔い止めの薬を服用していたのは最初の数ヵ月で、最近では慣れたからなのか、酔い止めを必要としなくなった。乗り物酔いをしてしまう人は、ゴンドラに乗る時は要注意である。

ところで、私はあらかじめウォークウェイやクレーンを使って届く範囲の樹木を選んで研究の対象にしてきたが、研究目的によっては自力で樹冠に登らなければならないこともある。ランビルでは現在、京都大学の大学院生田中洋君がザイルを使って木に登り、研究をしている。彼は、一本の木の下から上まで樹上のアリ類の行動や巣を丹念に調べ、高さの異なる階層ごとにアリの行動範囲や巣場所が異なることなどを実証的に示した。私は、温帯の広葉樹林の樹冠で昆虫調査をするために、国内でザイルを使った木登りを彼に教えてもらったが、彼のように地上四〇メートルにも達する熱帯の樹木に自力で登る勇気はまだない。

写真1・10　実験棟には，コンピュータールームや冷凍庫，乾燥機，空調が整った標本室などが完備されている．

恵まれた研究施設

ランビルでのフィールドワークを支えてくれているのが、八ヘクタール調査区に隣接した実験棟と宿泊施設である。

実験棟は一九九二年に建設され、サラワク森林局や日本の複数の大学の協力のもと、維持されている。そこは、冷凍庫や、植物・昆虫標本を一時的に保管する空調が完備された部屋を含め、八つの部屋からなる。フィールドで採集したサンプルをすぐに処理することができ、われわれ研究者にとって大いに助かっている（写真1・10）。

二〇〇一年には、ランビルの公園内に、学生や研究者が宿泊するための施設が故・井上民二博士（京都大学）のご遺族の寄付によって建設された。その宿泊施設は「タミジハウス」と名づけられ、六つの個室と、共同の台所、トイレ、温水シャワーが完備されている（写真1・11）。私のように貧乏学生だった者にとっては、タミジハウスは自分の下宿よりはるかに立派で、快適にすごすことができた。何よりも調査地まで徒歩〇分という立地条件は、長期フィールド調査には理想的である（写真1・12）。タミジハウスには、大学の長期休暇の時期をのぞいて、だいたい二～三人は常時滞在している。長期休暇中は、国内外の学生や研究者が大挙して訪れるので、ハウスだけでは泊まりきれず、ランビルから車で三〇分程度のミリ市内のホテルやアパートに宿泊する。ハウス内のテラスでは、食事をするスペースがあり、皆の語らいの場所になっている。おのずとこれまでのランビルでの研究や研究者の話題にも触れられることが多く、私のように生前の井上先生を知らない者でも、タミジハウスを通して、先生の研究活動に思いを馳せることができる。

学生の初期の研究活動において、自分の頭と手を使って調査地を開拓するのではなく、現在のようなランビルの恵まれた研究施設を利用することについては安易すぎるのではないかとの疑問が投げかけられることもあり、私自身も当初は、ランビルで調査する以前のフィールドワーク環境（第6章参照）とのギャップに戸惑いを感じることが多かった。しかし、先達の苦労やここまでの道のりを自覚して研究を行うことが重要で、これを足がかりにして将来新しいフィールドを開拓していけばいいと、私は考えている。実際にランビルで研究することのよさは、恵まれた施設だけでなく、プロジェクト型の合同調査やタミジハウスでの共同生活を通して、いろいろな分野の研究者と知り合うことができることだ（写真1・13）。自分では思いつかないアイデアを、異分野の研究者と議論することで着想をえることもある。朝から夜まで

写真1・11　調査地に隣接した宿泊施設「タミジハウス」.

写真1・12　手前の屋根がタミジハウス，右の建物が実験棟，そのすぐ左奥が調査林への入り口.

写真1・13　百瀬邦泰さん（故人・愛媛大学）が筆者たち大学院生に植物の標本作製を指導しているようす．このときは，国内の複数の大学の教官と大学院生が集まり，共同でプロットの設営と植物調査を行った．（撮影：市岡孝朗）

生活を共にするので話題も多岐にわたり、まさに、実地で学ぶことは多いのだ。

ランビルの調査区、施設については、市栄ら（2009）に詳しい。ランビルは、東南アジア熱帯の中心的なフィールドステーションの一つであり、そのランビルの熱帯雨林についての書物も少なくない（湯本貴和著『熱帯雨林』岩波新書、井上民二著『熱帯雨林の生態学』八坂書房、百瀬邦泰著『熱帯雨林を観る』講談社選書メチエなど多数）。

第2章
昆虫の長期観測

熱帯昆虫の数の変動は安定しているか？

研究をはじめる際には誰しも、なぜその研究を行うにいたったのか、なぜおもしろいと考えたのかなどの理由があり、そこには、それまでに行われてきた、多くの先人による研究成果が背景として存在する。本章では、熱帯に生息する昆虫の数の変動について、それまでに明らかにされてきたことや、残されていた課題を中心に紹介する。

かつて、生物の種数が多い複雑な生態系では、生物の数が極端に増加することはないと考えられていた。したがって、生物種数が豊かな熱帯においては、気候が安定している（少なくとも温度は年中高い）という特徴を考えあわせ、昆虫の数の変動は、温帯に比べてより小さく、時間的に安定していると信じられてきた。

安定という言葉には、抵抗性（resistance）、復元速度（resilience）、変動性（variability）などの概念も含まれるが、私の研究では、恒常性（constancy）という意味で使っている。たとえば、復元速度は、一時的な撹乱によって変化した状態がもとの状態に戻る速さと定義され、復元速度が大きいほど安定度が高いと解釈される。群集の安定性の程度を考える時、これは重要な概念であるが、フィールドデータのみでは測定できない。一方、恒常性は、フィールドで得た個体数の変動パターンの記述で表すことができる概念である（Wolda, 1983）。

一九七〇年代後半から八〇年代にかけて、熱帯昆虫の個体数変動パターンが実証的に示され（Wolda,

1978aなど)、現在では、熱帯昆虫の個体数変動は安定であるという仮定は支持されていない。なかでも、スミソニアン熱帯研究所のヘンク・ウォルダ(Henk Wolda)博士は、共同研究者とともに、新熱帯域で、昆虫のさまざまな分類群の長期的な個体数動態を調べ、熱帯昆虫の個体数変動について興味深い数々の知見をもたらしてきた。たとえば、年中高温で気候の季節変化が弱い熱帯林でも、昆虫の個体数変動には季節性がみられることを明らかにした(Wolda, 1988など;第4章参照)。また、年次間で個体数を比較し、年次間の変動幅は温帯と比べて小さくないことを示している(Wolda, 1983)。

ウォルダ博士の一連の研究において特筆すべき点は、(一)たくさんの分類群を扱い、熱帯昆虫の個体数変動パターンの一般性を示したこと、(二)長期にわたってサンプルを採り続け、説得力のある実証データによって変動パターンを明らかにしたこと、(三)個体数変動の種間変異を考慮に入れて、種ごとの解析を行ったことであると考えられる。

ウォルダ博士の研究

ウォルダ博士が共同研究者とともに個体数変動パターンを示すために扱った標本の数は膨大な量である。たとえば、ヨコバイ類の研究では、少なくとも七一七種八万七五四七個体を対象にしている(Wolda, 1996)。また、気候の特性が異なる八つの地域で、それぞれ一~三年の調査を行い、全部で二〇三〇種一一万三七一二個体のゾウムシの群集動態を明らかにしたのだ(Wolda et al., 1998)。他にも、ゴキブリ類、カ類、ハチ類や甲虫のアリモドキ科などの個体数変動パターンを明らかにしてきた（Wolda & Fisk, 1981など）。彼は、このように多くの種類の昆虫を扱うことにより、どの分類群においても、昆虫の個体数の変動が従来予想されていたような時間的に安定したパターンを示さないことを実証した。また、個体数の変動に季節性がみられる昆虫が多くいることを、野外の実証データをもとに、熱帯ではじめて示した（第4章参照）。ここで注目に値するのは、見出された個体数変動パターンは、分類群間あるいは種間で異なっていることだ。つまり、個体数変動パターンのバリエーションは、温帯でみられるものより多く、熱帯昆虫は数の変動パターンにおいても多様であることがわかってきたのだ。

昆虫の個体数変動の解明には、定期的かつ定量的な調査が必須である。それらを長期にわたって続けることができれば、信頼性は一層高まる。長期というのがどの程度を表すのか定義するのは難しいが、ウォルダ博士が次々と研究を発表していた時代には、彼らの研究などをのぞいて、多くが一年間の調査に基づいたものだった。たとえば、年周期性を検出するためには、統計処理を考えなければ、最低二年間の継続的な調査が必要である。統計処理を考えれば三年以上のデータが望まれる。熱帯では、今でも、温帯に比べれば一年間のデータによる研究の数は多いと思われるが、三年以上のデータにもとづいていれば学術雑誌に掲載される確率もぐんと高まる。そうした信頼性の高い研究をめざして、定期的・定量的な調査を長期で続けるためには、いかに効率良く昆虫を集めるかが鍵となる。

野外で効率的に定量的なデータを集め、昆虫の時間変化を解明しようとする研究においては、対象昆虫分類群に適したトラップが使われることが多い。こうしたトラップのなかで、よく使用されるものにライトトラップがある。ライトトラップは、光に集まる性質をもつ（走光性）飛翔昆虫を、人工灯を用いて誘引する採集方法である。写真２・１は、私が近年使っているＩＢＯＹ方式[*1]のライトトラップである。ライトトラップのタイプによって細かい部分は違うものの、どのタイプも基本は、人工灯に集まってきた昆虫が下に固定した容器に落ちるような仕組みになっている。容器のなかには殺虫のためのアルコールや酢酸エチルなどの試薬が入っており、落ちた虫はそのまま死ぬ。それらの死んだ虫を、トラップを仕掛けた翌朝に回収するだけの簡便な方法である。このように定量的に効率よく昆虫を採集できるので、熱帯だけでなく温帯でも、地域間の生物多様性の程度を評価する際や、害虫の個体群動態を調べるのによく使われる。

写真２・１　ＩＢＯＹ方式のライトトラップ．バケツの下にカーバッテリーを搭載．光量は若干弱いが，写真６・５のようにアクセスしにくい場所でも持ち運びが可能な点で優れている．

トラップの設置と回収、集まった昆虫の仕分けさえ組織的に進めることができれば、長期で実行するのも難しくないだろう。スミソニアン熱帯研究所は、こうした長期モニタリング調査に力を注いでおり、ウォルダ博士らが発表してきた長期データの収集も実現した。

熱帯で、多数の昆虫を対象として研究するとなると、まだまだ目レベルなどの高次分類群をまとめて解析対象として扱うことが多い。莫大な量の対象昆虫を扱うことの難しさ、専門家の不足、多数の未記載種（種名がつけられていない種）の存在などの問題があって、種同定はおろか形態種のソーティング（昆虫標本を同一分類群や形態種ごとに仕分けすること）さえ難しいのが現状である。しかし、ウォルダ博士は、ほとんどの分類群で、種ごとの解析を行った。それによって、複数の種をまとめて示した個体数変動と個々の個体数変動とは一致しないことがわかったのである（Wolda & Broadhead, 1985）。すなわち、種ごとでは異なるそれぞれの個体数のピークが、種をまとめて群として扱うことで隠されてしまっていたのだ。近縁種間で出現時期が異なるという現象はきわめておもしろい。種間競争の結果ニッチの細分化が起きたのかもしれないし、それぞれの世代の生活史特性に適応した結果なのかもしれない。現象をみているだけでは、そうした要因については推測の域を超えないが、さまざまな環境下のさまざまな生活史特性をもつさまざまな昆虫の分類群で個体数変動パターンの記述をすることで、その背景について検討するべき興味深い研究材料の候補を見出すことができるだろう。

私の研究では一つの分類群を対象にしてきたにすぎないが、多数の種類の長期個体数変動パターンを明らかにした今では以前より明確に、彼らが明らかにしてきたことの重要性と、その背景に並大抵でない作業があったことに気づくことができる。昆虫標本の採集や標本作製が効率的に進むまでに多大な労力と時間が費やされただろうことは想像に難くないが、本当に時間がかかるのは、その先のソーティング、それらを分類群ごとあるいは種ごとにカウントしてデータを入力すること、そして膨大な量のデータを解析して、パターンを検出することである。私の場合、大学の大型計算機システム（学術研究にともなう科学技術計算や情報処理を行うためのシステム）を利用して、データ管理と解析を行っていたので、計算に必要なプログラミングを覚えてしまえば膨大な量のデータを迅速に計算することができた。しかし、現在のように誰もが容易に触れるようなコンピュータがなかった時代には、データの入力や解析は大仕事だったと思われる。こうして想像するだけで気が遠くなるような工程を経て、ウォルダ博士は熱帯昆虫の個体数の動態を明らかにしただけでなく、数学的なセンスにも優れ、個体数の季節性や安定性を表す新しいいくつかの指数を開発しながら、昆虫の個体数変動パターンの多様性を報告してきたのだ。

私は、こうした一連の研究を踏まえ、自分の研究においてもできるだけ多くの種を対象に、長期間のデータにもとづいて、種ごとの解析を行おうとしていた。

＊（1）ＩＢＯＹ（International Biodiversity Observation Year; 国際生物多様性観測年）方式とは、生物多様性研究のベースラインであるインベントリーや長期観測などを目的とした研究プロジェクトにおいて立案された調査方法を指す。昆虫では、ライトトラップやマレーゼトラップなど各種トラップの改良型が開発され、統一した手法によって生物相の地域間比較をめざす。詳しくは、Tohru Nakashizuka and Nigel Stork 著『Biodiversity research methods–IBOY in Western Pacific and Asia』京都大学学術出版会を参照してもらいたい。

ランビルヒルズ国立公園における昆虫の長期観測

ウォルダ博士の一連の研究は、中南米を中心とした新熱帯域で行われてきた。第1章で述べたように、東南アジア島嶼部は、一年中多湿・多雨で、一年を周期とする気候の季節的な変動が弱い。こうした特徴に加えて、エルニーニョに連動した旱魃が年次を超えた間隔で発生することや、不規則に変動する短期的な乾燥が誘因となって植物の展葉・開花フェノロジーが不安定に変動することが観測によってわかってきた。私は、こうした不安定な環境条件下では、昆虫の個体群や群集の動態は、これまでの研究で強調されてきたような季節性は示さず、年次を超えた変動に左右されるのではないかと予測した。

その予測を検証するために、定期的にたくさんの昆虫を集め、それらの個体数の増減パターンを明らかにしたい。しかし、定期的・定量的データ収集を個人レベルで行うのは現実的でない。たとえば、自分でトラップを設置しようとすれば、定期的に現地入りしなければならないので、渡航や滞在にはある程度の研究費が必要である。植物や昆虫の長期観測を主題にした研究の重要性は認められるものの、こうした基礎研究に対して、個人で申請するような研究費を獲得することは現状では厳しいと、私は感じている。自身で渡航しなくても現地住民を雇って観測することもできないことはないが、継続的なトラップの設置と回収、採集した昆虫標本の管理、給料の支払い、勤務態度のチェックなどを円滑に進めるためには、大規模な組織展開が望まれる。

私がランビルを調査地に選べたのは、幸運であった。なぜなら、ランビルには、研究者が入りはじめてから現在にいたるまで、植物や昆虫の長期観測データが取り続けられてきたからである。すなわち、そうして集められたデータを研究に組み込めば、博士課程の間に、長期個体数変動の解析ができると考えたのだ。そこで、野外の調査と同時平行で、一九九二年以降定期的に集められてきた昆虫標本を活用すること

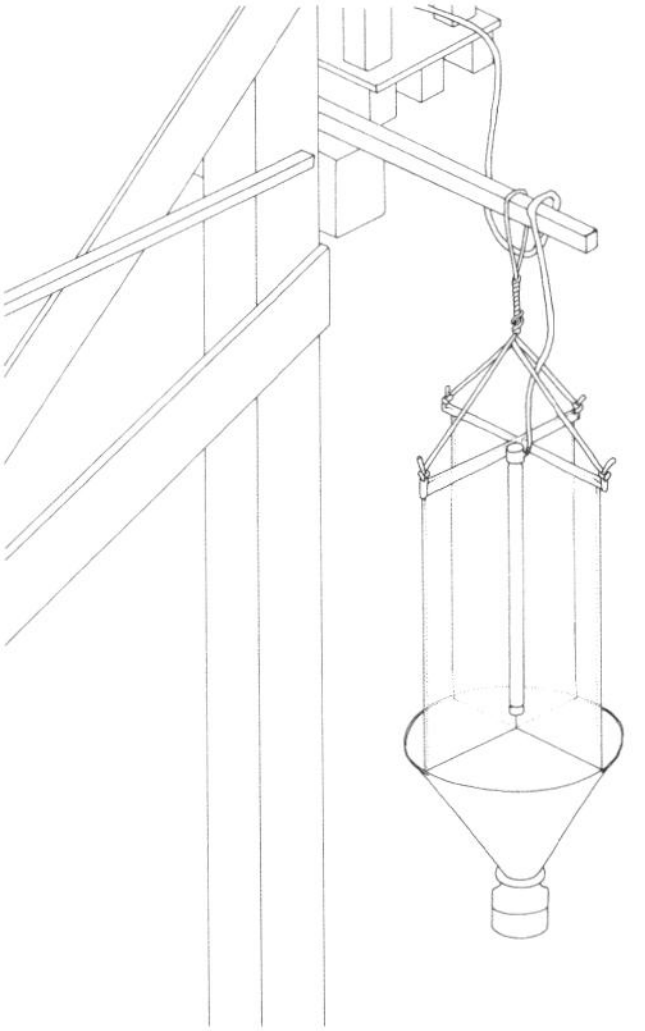

図2・1　ペンシルバニア型ライトトラップ．実験棟からタワーまで電線を引き，そのタワーから電源を確保している．（イラスト：中原直子）

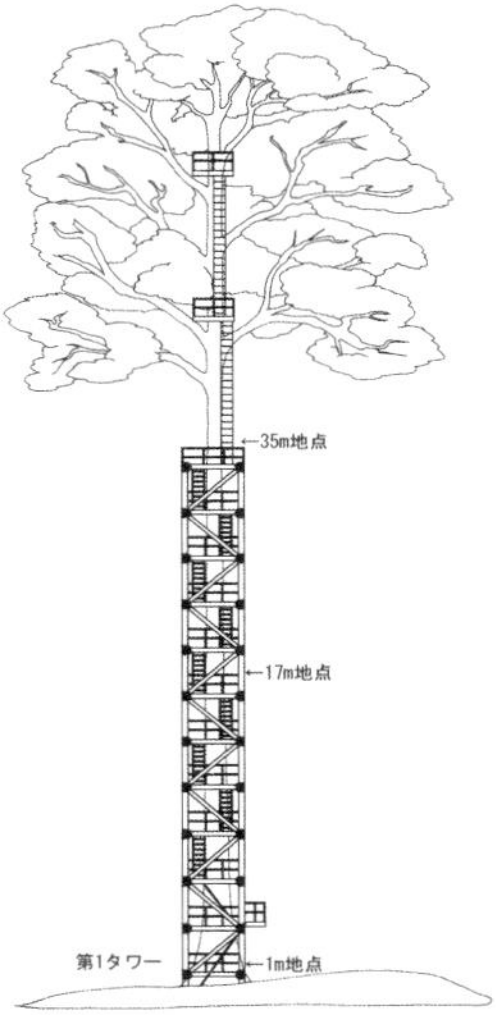

図2・2　階層ごとの昆虫相を明らかにするため，8ヘクタール調査区内に建設された第1タワーを利用して，高さの異なる3箇所にライトトラップを設置した．（イラスト：中原直子）

にした。

ランビルでは、昆虫の長期観測をめざし、一九九二年から、新月のたびにライトトラップが行われてきた。ライトトラップは、図2・1のようなタイプで、IBOY方式と同様にライトに誘引された昆虫が下の容器に落ちる仕組みになっている。設置は、八ヘクタール調査区内のタワーを利用していた。まだ暗くなっていない夕刻にライトをつけ、翌朝、トラップ下部についた容器を回収していた。残念ながら、定期的なトラップの設置は一九九九年で終了しているが、それ以降も市岡孝朗博士(京都大学)を中心に、断続的にライトトラップが続けられている。

また、ライトトラップは、タワーを利用して高さの異なる三箇所に設置されていた

（図２・２）。具体的には、地上から一、一七、三五メートル地点に、それぞれのトラップのライトが見えないように設置された。つまり、林冠部でおもに活動している昆虫は、三五メートル地点に仕掛けたライトに誘引されると考えられ、各階層の昆虫相を反映するという原理である。高さの異なる三箇所に設置したのは、階層が複雑な熱帯林では、それぞれの階層（林床・中間層・林冠）で昆虫相が異なるだろうと、これまでに予想されており、そのことを検証するという目的があった。

連続四日間ライトトラップをしかけて採集できる昆虫の数は、平均して約一一万三〇〇〇個体で（Kato et al., 1995）、それらは一部をのぞいて乾燥標本にされ、サラワク森林研究所の施設に保管されている。サラワク森林研究所はランビルから飛行機で一時間のサラワク州都クチン市にあり（図１・１）、私がはじめて訪問した時は、すべての昆虫が未整理のまま保管されていた。

研究計画の立て方

一般に、卒業論文や修士論文から研究テーマが引き継がれる場合をのぞいて、博士課程を三年で修了するつもりならば、野外でデータを集めることができるのは実質二年間である。たとえば、学位審査を申請する段階で、所属する研究科によっては国際的な学術雑誌に一～三本以上の論文が掲載されていることといった条件があり、フィールドで調査をしながら投稿論文も仕上げなくてはならない。したがって、論文を構成する力や、英語で文章を書く技術が未熟であれば、投稿論文にかかる時間や、博士論文をまとめる時間も考慮に入れた研究計画を立てる必要があるだろう。私は、博士課程から研究テーマを変えたのでデータを取る時間は限られていた。しかし、計画しだいで比較的短期間で成果が出せる仮説検証型の研究よりも、野外の現象を実証的に示すことがおもしろいと考えていた。しかも、東南アジアの熱帯雨林でしかできないことを研究テーマにしたい、そして、これまでいろいろな研究者によって蓄積されてきたランビルにおける長期データを活かしたいと思っていた。また、ランビルの林冠アクセスシステムも利用したい、と欲張りなことも考えていた。それらをすべて満たす研究として、「ランビルの特徴的な気候条件がそこに生息する昆虫の個体群や群集の動態にどのような影響を与えるのかについて明らかにする」ことが浮かびあがり、指導教官の市岡孝朗准教授（当時名古屋大学・現京都大学）と話し合いながらテーマを絞り込んだ。

昆虫標本の管理

はじめてその研究所に保管されている昆虫標本を見て、私の研究にこれを使わない手はないと考えたわけだが、実際に研究対象であるハムシ科の分類をはじめるまでには、悩ましい現実と向き合わなければならなかった。すでに定量的・定期的調査の難しさについては触れたが、集めた莫大な量の昆虫標本をどのように持続的に管理するかということはさらに難しい問題であると感じている。分類群によるが、採集した昆虫は写真2・2のように三角の台紙に貼りつけ乾燥させて標本にする。大型の虫は台紙を使わず直接

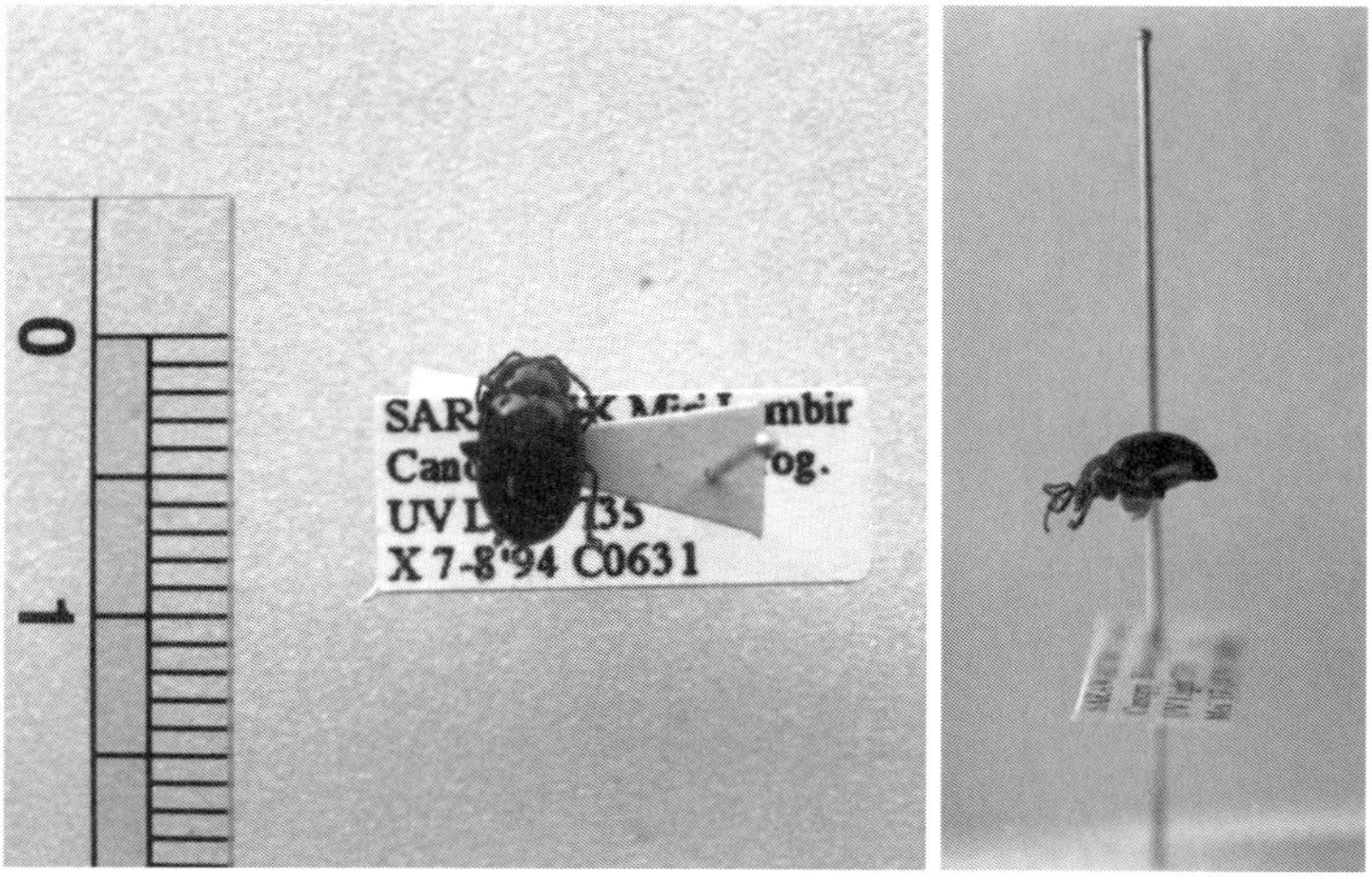

写真2・2　乾燥標本の例．標本は *Cassena* sp. nr *collaris*.

上翅に針を刺す。ランビルでは、シロアリやイチジクコバチなどはアルコールを入れたビンに直接投入して保管していた。

話は逸れるが、一九九九年まで行われてきた図2・1のタイプのライトトラップは、殺虫のためにアルコールが使われていた。そのため、ライトに集まってくるガ類の鱗粉がすっかり落ちてしまい、種の同定がひじょうに難しい状態なのは残念なことである。IBOY方式のライトトラップは（写真2・1）、殺虫に酢酸エチルを使っているので、今では、ガ類の標本もきちんと展翅され標本庫に並んでいる。

さて、そうした標本を管理する時に気をつけなければならないのは、カビと標本を餌とするカツオブシムシなどの害虫の存在である。熱帯では、採ったばかりの標本はアリが持っていくこともあるので要注意である。

私は、昆虫標本管理の現状を知るため、学会や会議の折りに、東南アジアを拠点とする国内外の研究者に、彼らがどのように標本を管理しているのかを尋ねることにしている。どこも共通しているのは、湿気との戦いである。標本庫の空調設備が整っていないことはしばしばで、空調があっても電気の供給がじゅうぶんでない地域もあり、そうした場所では、標本はたちまちカビだらけの標本になってしまう。結論として、自国に持ち帰るのがベストだと多くの研究者が口にする。しかし、標本の国外への持ち出しは、国や州によって事情が異なるので、安易に持ち帰るわけにはいかない。われわれの場合は、サラワク州政府と、日本の関連研究機関との協定にもとづいて標本は貸し出され、原則返却することになっているので、クチン市の研究所内での持続的な管理が求められる。幸い、クチン市の研究所は、空調は整っている。また、カビ対策のため採集した昆虫を、採集地ランビルで乾燥機を使って急速に乾燥させているのでカビの被害は比較的少ない。

もっとも大きな問題は、標本管理を専門とする職がないので、担当者が変わるたびに標本の場所が変わってしまうことだ。ランビルでライトトラップによる長期観測がはじまった頃は、採集した昆虫標本は森林局スタッフの手によって標本作製をしたうえでソーティングされ、分類群ごとに保管されていたそうだが、私が関わりはじめた時にはすでに大量の昆虫標本が、どこになにがあるか分からない状態になっていたのには閉口した。

標本庫にこもる

結局、私は博士課程の多くの時間をその標本庫の中で費やすことになった。サラワク森林研究所は、私が普段宿泊しているクチン市の中心地から九～一〇キロメートル離れたところにある。宿泊地から研究所には、月曜から金曜日までバスで通った。バスは、一～一・二マレーシアリンギット（三〇円くらい）で、当時五〇〇円ほどのタクシー代金に比べると（現在は値上がりして、六〇〇円以上かかる）、破格の値段だ。研究所のスタッフはほとんどが自家用車かバイクで通勤しており、私はバスで通っているというと、バスの待ち時間が不安定だし時間もかかるのにと驚かれた。しかし、私の経験では、三〇分以上待たされたことはない。日本のように時刻表や経路がバス停に明記されているわけではないが、慣れてくると、バスが来る時刻も種類も把握できるようになる。乗り合いのバンもたくさん走っているが、市内に戻るまでに乗客の家々に立ち寄るのでかえって時間がかかってしまう。いろいろ試した結果が、バス「通勤」だったのだ。当時は、バスの運転手もコンダクターも、乗客も見知った顔が多く、さながら通勤者の気分だった。そして、朝八時から夕方一七時になるまで、標本庫にこもって標本の整理を行っていた。

標本庫では、雑多に保管されていた昆虫標本を目ごとに、甲虫は科ごとにソーティングする作業からはじめた。ソーティングとは、昆虫の標本を同一の分類群や形態種に仕分けすることである。結局、論文のなかでは、約二万個体の標本を対象にしたにすぎないが、実際には五万個体は優に超す標本を扱っていることになるだろう。ハムシ科さえ抜き出せばよかったのだが、間違いを避けるために、最初に目や科ごと

写真2・3　このガラスケースが約4800箱収納できる棚があり，2000箱以上にランビルで採集された昆虫標本が保管されている．

写真2・4　昆虫標本庫でのソーティング作業のようす．

写真2・5　標本庫のとなりにある準備室，大まかなソーティングまでは，この部屋で行うことができる．

に整理したほうが効率的だった。同時に、指導教官の市岡さんとともに、将来的には、ウォルダ博士の研究のように、もっと多くの分類群を対象に個体群動態について明らかにすることを想定していたので、将来の作業効率を見越したうえでのことだった。それから三年以上、その研究所に通って、分類群ごとに標本を整理し、標本が活用されやすいような環境づくりを整えてきた（写真2・3，2・4）。

私が通いつめていた標本庫は、今では新しい建物に移った。新しい標本庫には準備室がついていて、そこで標本箱を広げたり、顕微鏡で標本をみたりすることができるようになった。相変わらず昆虫標本を管理するための担当のスタッフはいないけれど、以前より研究を進めやすくなったのではと思う（写真2・5）。今後は、研究所のスタッフとともに、持続的な標本管理ができるようなシステムを構築することが重要だと考えている。

研究対象を選ぶ

研究対象の選び方は、人によって違う。好きな昆虫や植物を選ぶ人もいるし、あえて好きなものは選ばない人もいる。少し脱線するが、私は卒業論文と修士論文では、沖縄に生息するアリノタカラカイガラムシとミツバアリという昆虫を研究対象としていた（第6章参照）。それらは一般的なカイガラムシやアリと比べて生活史が特異であり、いくつかの共生関係に適応した形質をもっていた。たとえば、一般的なカイガラムシは外敵から体を守るためにワックスを分泌する分泌管を備えるが、アリノタカラカイガラムシはミツバアリの巣中で外敵から守られているのでこうした分泌管を欠くと考えられた（Kishimoto-Yamada et al., 2005）。その結果、見た目はつるつるとしていてなんとも愛らしい体型をしている（第6章参照、写真6・3，6・4）。また、ミツバアリは、アリノタカラカイガラムシが分泌する甘露のみをおもに餌としており外で採餌しないため、地上に面した巣穴を作らない完全密閉型の巣を形成する（Kishimoto-Yamada et al., 2005）。そのためだろうか、ミツバアリの行動は一般的なアリと比べても遅く、巣が一度壊されると他種のアリの侵入を容易に許してしまい、結果として、アリノタカラカイガラムシもミツバアリも次々と運ばれてしまう。こののろのろとしたミツバアリの行動が、瞬発力に乏しい私にぴったりな昆虫にみえていた。このようにどの点をとっても私にとって愛すべき昆虫であり、その思い入れの強さが生態学の研究を続けていく上で邪魔になるのではないかと当時は意識していた。だから、あえて、博士論文では、研究対象そのものにこだわるよりも、その昆虫の行動や現象に興味がもてるものにしようと

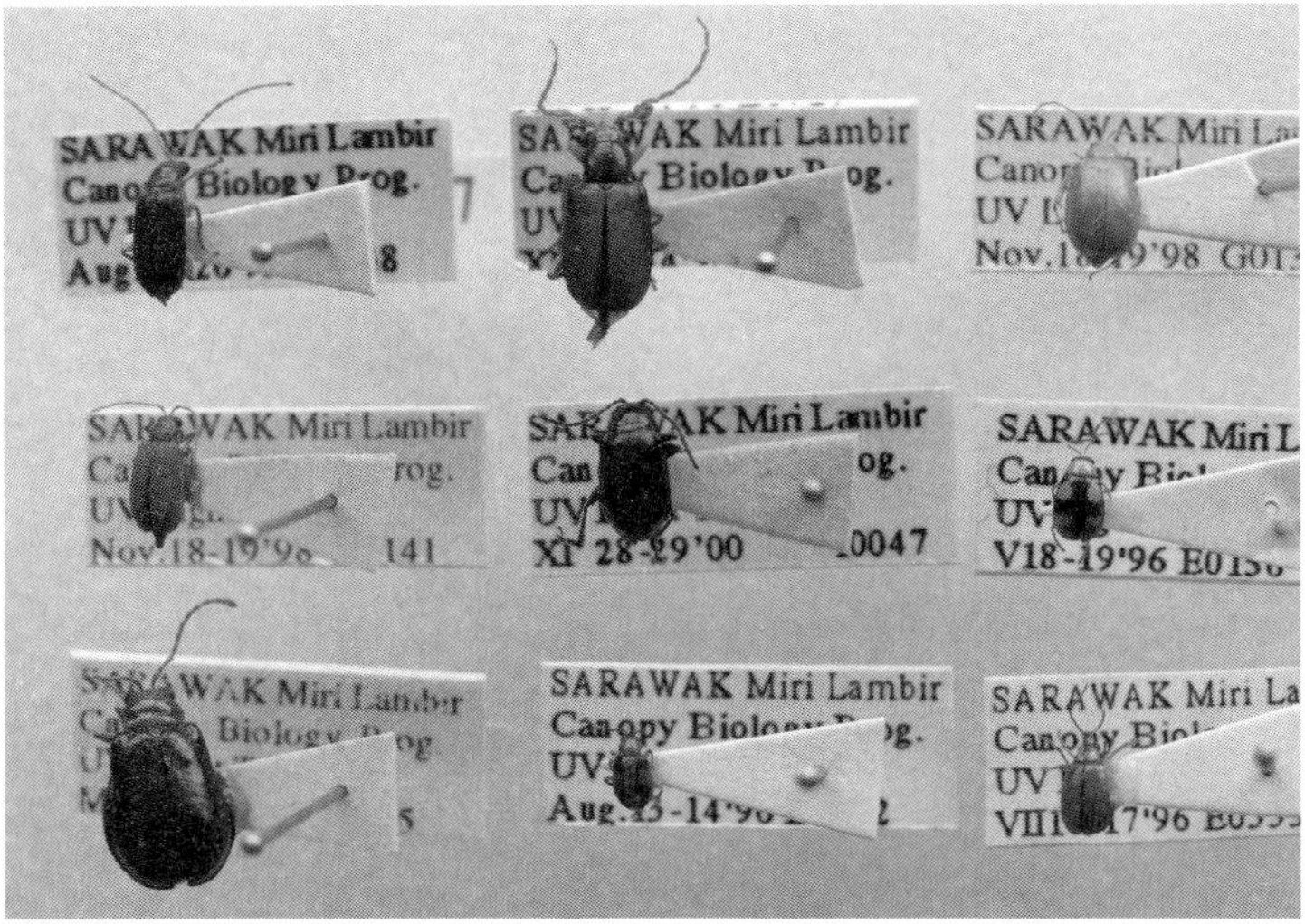

写真2・6　ヒゲナガハムシ亜科．　左端上から縦方向に，*Theopea* sp., *Strobiderus* sp., *Aulacophora antennata*, *Taumacera tibialis*, *Altica brevicosta*, *Medythia* sp. 右端はすべて *Monolepta* 属．

写真2・7　*Paleosepharia* nr. *legenda* の上翅の特徴的な溝．

考えた。

とはいえ、当時は、形や色が愛せないものを対象に、継続して研究することはできない気もした。結果として、選んだのは、コウチュウ目のハムシ科成虫である。

ハムシ科の成虫は、上翅《うわばね》がやわらかいために甲虫としての魅力に欠けると考える人も多い。私自身も、ハムシ科のなかでは、上翅がより硬くて、形がかっこいいツツハムシ亜科、ナガツツハムシ亜科、サルハムシ亜科がとくに好きだ。しかし実際に研究のなかでは、おもにヒゲナガハムシ亜科（ノミハムシ亜科を含む）を扱っていた。このヒゲナガハムシ亜科は上翅がやわらかいが、体型やカラーバリエーションの多さは愛せそうだった。たとえば、写真2・6の上段中央のサイズが比較的大きい *Taumacera tibialis* でも一センチメートル程度で、多くはそれより小さい。右端はすべて *Monolepta* 属だが、それらの上翅の模様はさまざまだ。上翅の模様だけでなく、触角の毛の生え方や形、上翅や前胸背板の溝や点刻も種によって特異的な形質になりうる。左端二段目の *Strobiderus sp.* は色は地味だが、上翅の縦溝と毛の密度の濃さはこの属の特性の一つである。*Paleosepharia nr. legenda*（写真2・7）の天使の羽のような上翅の溝は、*Paleosepharia* 属のオスの成虫に共通するものの、溝の形は種によって異なるのでおもしろい。私は後に形態種へのソーティングの作業に苦しむことになるが、ハムシ科成虫の外部形態の豊富なバリエーションのおかげで、毎日顕微鏡で観ていても飽きることがなく、研究を続けることができた。

しかしながら、見た目よりも何よりも、私がハムシ科を選んだ一番の理由は、ハムシ科成虫の数種は、東南アジア熱帯に特有の現象として知られている一斉開花と関係があるからだ。前述のように一斉開花とは、フタバガキ科の樹木やそれ以外の科の樹木が同調して開花する現象で、数種のハムシ成虫がそれらの樹木の花粉を運ぶのに有効な媒介者（送粉者と呼ぶ）として知られているのだ（第3章参照）。したがって、樹木の繁殖に貢献する送粉者であるハムシ類の個体数変動パターンを解明することで、一斉開花のメカニズムに迫れると考えたのだ。

また、ライトトラップによって個体数の変動を分析するのにじゅうぶんな数のハムシ科が採れていることがわかっていたこともハムシを選んだ理由の一つだった（Kato et al., 1995）。いい換えると、個体数が少なすぎる材料は統計的な処理ができないために、研究の結果に客観性が低くなることが予想される。さらに、ライトトラップで採れる種類が限られていれば、パターンのバリエーションを示すことや、構成種の変化を分析するのにあまりおもしろくないだろう。その点、ライトトラップで集めたハムシ科は種数が多いのも利点であった。ライトトラップの経験がある人や、ハムシ好きの人には、この選定理由はピンとこないかもしれない。じつは、温帯やその他の熱帯地域では、ライトトラップでは、ハムシはあまり採れないのだ。したがって、一般的には、ハムシ科の研究をする人はみつけ採り（葉上のハムシを直接探して手や網などを使って採集すること）やスゥィーピング（葉や花の上の昆虫などを、捕虫網を使って掬いとること）をもとにしていて、ライトトラップはあまり使われない。ランビルでは、ライトトラップによって採集されたハムシ科成虫の個体数は、林床（一メートル地点）では少ないものの、中間層（一七メートル地点）と林冠（三五メートル地点）では多かった（Kato et al., 1995）。内訳をみると、コウチュウ目六四科のうち、林冠（三五メートル）では、ゴミムシダマシ科、ケシキスイ科、ハネカクシ科、コガネムシ科、ハムシ科の順に個体数が多かった。中間層（一七メートル）では、ハムシ科は、ハネカクシ科、コガネムシ科、ゴミムシダマシ科に次いで個体数が多かった。

コウチュウ目ハムシ科

ハムシ科がどのような虫なのか、もう少し説明を加えよう。コウチュウ目（鞘翅目《しょうしもく》）ハムシ科[*2]は、世界で約三万種がすでに記載されており、研究者によっては、あと一万種くらいの未記載種がいると考えられている。ハムシ科は一部の特殊な例をのぞいて、幼虫も成虫もほとんどの種で植物体を餌とする植食者である。一部のハムシは農作物の害虫としても知られ、経済的にも重要なそれらの種の生態は網羅的に調べられている。しかし、多くのハムシは、餌植物（寄主植物またはホストという）さえ不明なままで、全記載種のわずか三十パーセントの種で寄主植物が記録されているにすぎない。

これまで、いくつかの熱帯林で、ハムシ科の成虫が林冠の主要な植食者グループの一つであることが知られている。地球上には約一八〇〇万種の生物が生息し、その内のおよそ一〇〇〇万種が昆虫であるといわれている。さらに、その内の半数近くが植物資源に依存する昆虫（植食性昆虫）であり、それらと植物との関係を解き明かすことが熱帯の高い昆虫の多様性を理解する鍵だと考えられている。そのため、多くの熱帯フィールドワーカーが、植食性昆虫と植物間の関係を明らかにしようとしてきた。その中でも、ハムシ科を対象にした生態学的な研究は少なくない。しかしながら、東南アジア熱帯では、ハムシ科を対象にした生態学的な研究はおろか、インベントリーも依然として不足している。おそらく、未記載種の数も多いだろう。こうした背景のもと、これから紹介する個体群や群集動態についての研究だけでなく、インベントリーの充実や、寄主植物との関係における法則性を見出すことで、多様性の創出や維持機構について理解を深めるような将来の研究につなげることができると考えている。そうした点でも、ハムシ科はおもしろい研究材料である。

＊（2）ハムシ科の分類は、マメゾウムシ亜科もハムシ科に含めるとするReid（1995）に準じるが、私の研究ではマメゾウムシ亜科は含めていない（Kishimoto-Yamada et al., 2009）。

形態種へソーティング

さて、私はウォルダ博士の一連の論文を読み通した結果、個体数変動には種間で変異があると確信し、種ごとに個体数をカウントすることにこだわりをもっていた。同時に、ハムシ科の群集構成種が時間的にどのように変化するのかについても調べたかったので、種ごとにソーティングを行うことをめざしてきた。結果的には、予想通り、個体数変動パターンは種間で異なることを示すことができた。また、熱帯ではほとんど研究がされてこなかった、群集構成種の変化を解明することもできた。しかし、私はそのほとんどの種の名前を知らない。本書を手にした昆虫好きの方のなかには、全編通してハムシ科という大雑把なくくりに違和感を抱いている方もいるだろう。種の同定(学名を決定すること)は、検索表や原記載論文を参照しながら、模式標本もしくは参照標本と比較して決める行為のことをさし、たいていの場合は、各分類群の専門家が行う。種名がわかることで、その種や近縁種の生態情報を入手できれば、私が明らかにしてきた個体群動態の要因について理解が進み、より深い考察ができるだろう。しかし、熱帯、とくに熱帯雨林の林冠部のハムシ類の生態情報は不足しており、同定できたとしてもすぐにわかることは限られているのが現状だ。そのうえ、未記載種が多いことは容易に想像され、運良く該当するグループの専門家に同定を依頼できたとしても、二万個体にもおよぶ標本の精査には時間がかかりそうだ。そこで、ランビルで採集されたハムシの種名をつけるのは将来の課題とし、博士課程の研究では、形態種ごとのソーティングと、属レベルの仮の同定を自分で行うことにした。

さて、同定の前段階のソーティング作業も専門家に依頼することができるとは思うが、大量の昆虫標本のソーティングを依頼するのは現実的でない。私の研究の場合、形態種へのソーティングは自分で行い、一形態種あたり一〜数個体を証拠標本として、専門家に同定を依頼する形をとったが、いざ形態種のソーティングをはじめようとしても簡単にできるものではなかった。突き詰めれば突き詰めるほど、難しいことがわかってくる。今日では生物多様性への関心の高まりとともに、各分類群の専門家ではない人たちによる形態種へのソーティングを手がかりにする研究が多い。そうした研究にまじめに取り組んできた人には、ソーティングの難しさが容易に想像できることだろう。私は、学部時代に、アリノタカラカイガラムシの各齢期の形態的差異を検出することで、それまでコナカイガラムシ科では知られていなかった特異な生活環を明らかにした(Kishimoto-Yamada et al., 2005)。具体的には、おおよそ二〇〇個体のカイガラムシのプレパラート標本を作製し、プレパラートを一枚ずつ光学顕微鏡下で観察し、毛や脚、気門の長さなど数箇所の部位を測定した。さらに、描画装置を使って手元に顕微鏡画像を投影し、その内容をなぞって、外部形態図を完成させ、記載も自分で行った(Kishimoto-Yamada et al., 2005)。したがって、外部形態の精査をしてソーティングするという行為において、まったくの未経験者ではなかった。私がそれまで卒業研究で行ってきた二〇〇個体をプレパラート標本にする手間(プレパラート標本の作製には二日程度を要する)と数箇所を一つひとつ測定していった作業を思い起こし、プレパラートにする手間が必要ないハムシのソーティングにかかる作業はより容易なことだと、当時の私は考えていた(それは後に見込み違いとわかった)。

まず、甲虫を対象とするのははじめてだったので、体のどの部位をみるべきか、検索表をどのように使うのかも、わからなかった。そこで、ハムシ科の分類を専門とし、オーストラリアのハムシ科に関しては、分類学のみならず、生態学者とも協力して研究を行っているクリス・リード(Chris Reid)博士(オーストラリア博物館)に、ソーティングの技術や検索表を使った属の同定について教えを乞うことを考えた。幸いリード博士とは、すでに他の研究者がランビルで採集されたハムシ数種の同定を依頼したという接点もあったために、その機会を得ることができた。リード博士は、オーストラリアに押しかけてきた当時ほぼド素人の私に、ボルネオのハムシ科をソーティングするのに有効な検索表や、検索表の見方など一から指導をしてくださった。

実際には、オーストラリアに滞在した期間は短く、手厚い指導を受けても、短期の滞在で習得できることは限られており、帰国後ソーティングがスムーズにできるようになるまでにさらに時間を費やした。たとえば、一見して種分けが難しい数種がある時、それらの前胸背板（頭部と上翅の間の部位）や上翅の点刻の大きさ、深さ、溝の有無など数箇所の形質をみて同種であるか別種であるかを判断する。同じ種でも、オス・メスで外部形態に大きな差がみられる場合もあるし、個体間で差異がある場合もあるので、できるだけ多くの個体をみて種に特異的な形質なのかを判断しなければならない。そのためには、実体顕微鏡下で、何度も何度も繰り返し観察したり、判断がつきにくい部位の簡単なスケッチを書いたりした。必要なときは、種に特異的なオスの交尾器を取り出して精査した。しかしながら、私の研究では多数の個体を扱うため、一つずつ交尾器の形態を見るための時間的な余裕がなかった。したがって、外部形態の差異で分けるのはきわめて困難だが、交尾器でみると複数種含まれているような一部の種（ヒゲナガハムシ亜科の *Monolepta* 属やサルハムシ亜科の *Nodina* 属と *Colaspoides* 属らの一部）は、研究の解析対象から外した。後に判明したことだが、対象から排除したこれらの種は、羽化直後と推測される個体が多数含まれており、専門家でさえ、交尾器を見てもソーティングするのはおいそれとはいかないとのことであった。

コラム　パラタクソノミーは科学ではない？

写真2・8　サラクワと州とブルネイの国境近くから，インドネシアとの国境に向かってバラム川が流れている．そのバラム流域の伐採道路の風景．道路は舗装されていないので，このような大型車が通るたびに砂が巻き上がる．

近年になって、生物多様性研究における準専門家による形態種へのソーティング（この行動をパラタクソノミーという）に対して、質の高さが問われている。ここでの準専門家とは、それぞれの分類群の専門家をのぞく、学生や生態学者などすべての人が含まれる。つまり、私のような生態学的研究のために、形態種へのソーティングを自分で行ってきた場合も該当するだろう。これまで、同じサンプルを準専門家がソーティングした場合と、専門家が同定した時の、種数が異なることが明らかにされている（Krell, 2004など）。彼らの論文によると、両者の見解が一致した例はごく少なく、パラタクソノミーでは、ほとんどが種数の過大評価または過小評価をしていた。間違いの犯しやすさは分類群によって異なるものの、彼らが示した結果をみて、パラタクソノミーは正確さに欠けると思われるかもしれない。さらに、人によってでてくる結果が異なるなら、パラタクソノミーはサイエンスではなく、専門家が最終的なソーティングをして結果を公表すべきだという主張がある（Krell, 2004）。

私はこれを現実的な提案だとは思わない。熱帯で、昆虫相の解明や、昆虫の群集構造の時空間的な変異に着目した研究であればなおさら、定期的かつ定量的な昆虫調査が行われ、集められた昆虫は莫大な量になる。これを効率良く標本にし、ソーティングしていく必要がある。私は、いくつかの理由から、形態種へのソーティングは早く進められ、分析結果をできるだけ早く公表するべきだと考えている。

もっとも重大な理由は、われわれは今、熱帯林の劣化や減少と、それにともなう生物多様性の消失という厳しい現実に直面しているからである。ボルネオは高い植物の固有種数などを基にして評価される生物多様性ホットスポット地域に含まれ、その豊かな生物多様性に注目が集まっている。にもかかわらず、森林伐採やプランテーションの拡大は現在でも進行中であり、森林の持続的管理は喫緊の課題であろう。そのような現状があるにもかかわらず、そこに生存している多くの生物がまったく知られることもなく、絶滅が進行していることが心配されている。私は、インドネシアの国境近く、ランビルよりもさらに広大な面積の原生林が残存するサラワク州のバラム川上流域（図１・１）でも調査をしている。伐採した樹木を円滑に運搬するために整備された道路がなければ、一日で調査地に到着することはできなかった（写真２・８）。現地の住民が望む豊かさかどうかは私にはわからないが、生活に便利な物資を届けてくれるのもそうした伐採道路のおかげである。また、多くの伐採された樹木は日本に届けられ、家具などに利用される。多くの矛盾を抱えながら、それでも私たちは、現存する多様性の実態をなるべく早く明らかにしなければならないと感じている。

また、同じ方法で研究を行ったとき同じ結果を導きだせること、つまり再現性の高いデータが質の高いデータであることには違いないのだが、これまでも準専門家の同定による論文において、仮説が塗り替えられたり、新しいアイデアが提示されたりすることがあり、学問の進展に寄与してきたことは間違いないであろう。また、分類学的な検討により、分類学の専門家による同定でさえ、種名が変わることもある。

以上が、専門家によるソーティングでないと意味がないというのは現実的ではないと私が考える理由である。再現性の高さということでは、私の場合は、研究の再検討ができるように、どの部位を使って種分けをしたのかといった細かい記録を残すことと、標本の所在を論文に明記することを心がけている。

検索表と向き合う時間

昆虫標本を作製して、形態種へソーティングすることは、フィールド(野外)での作業ではない。しかし、種の同定にかかわる作業はフィールド研究の基本であると私は考えている。そして、分類群にもよるが熱帯の昆虫を対象にした生態学的な研究では、高い種の多様性が起因して種の同定が難しいこと、適切な専門家が不足していることなどが、深刻な問題なのである。それを理解していただくためにも、もう少し、室内の作業を紹介しよう。

検索表を使った属レベルの同定は、形態種へのソーティングと平行して行ってきた。検索表は、一項目一～三つの形質について二者択一の選択肢が、文章で表現されている。これまで、自分自身が学部生の時受けていた講義や、大学で生物実習のアシスタントをしてきたなかで、あるいは自分の興味のおもむくままに、生物の検索表を使うことはしばしばあった。日本の昆虫の場合は、特殊な場合をのぞいて、写真がついた図鑑がそろっているので、絵合わせで済ますことが多かった。植物は、一から検索表をたどることも多かったが、外部形態の比較に研究者の主観的な判断が入っているように感じたことはなかった。しかし、甲虫の検索表を改めて見直すと、素人が簡単に使える代物ではないことを即座に思い知らされた。最近では、インターネットを使って誰でも簡単に分類ができるようなシステムも見かけるようになってきた。そうしたサイトでは、二者択一の選択肢が示す形態的部位が写真を使って細かく表示され、どちらかを選ぶと、次の選択肢が表れる。次々と選択していけば、最終的に種の同定ができるというわけだ。それらは、おもに相対的な評価を基準にしているので、わかりやすい。

ここでは検索表を使った属レベルの同定について、ヒゲナガハムシ亜科 *Monolepta* 属（アシナガハムシ属）を例にもう少し詳しく説明する。亜科、属、種まで分類するのにそれぞれの検索表を使うが、亜科に分類するのは顕微鏡を見るまでもなく体型でだいたいわかる。次に、ヒゲナガハムシ亜科の検索表を使って、属まで分類する。*Monolepta* 属は、前肢基節は後方に閉じていて、和名アシナガハムシが示す通り、後肢ふ節第一節が第二、三節の長さの合計よりも長く、上翅側板は基部で幅広く中央部より後方へ徐々に狭まるのが特徴である。たとえば、開くか閉じる、二節目と三節目を足した長さよりも長い、というのはわかりやすいが、徐々に狭まるの「徐々に」というのは人によって解釈が異なると思われ、とにかく多くの個体が示す形質をみないと、はじめのうちはどのようなことを意味するのかがわからなかった。毎日検索表を片手に顕微鏡で形態観察すること数ヵ月、属レベルの分類は多少できるようになった。そしてしだいに、みるべきポイントがわかってきたので、検索表を最初から順を追ってみなくてもよくなった。もともと、昆虫の外部形態のバリエーションの豊富さに圧倒され、この世界に飛び込んだこともあって、こうした作業は私にとっては毎日が新しい発見の連続だった。最終的には、とくに種分けが難しいグループの標本は多めにオーストラリア博物館に持ち運び、再びリード博士を訪れ確認作業をお願いした。一部は、すでに種の同定も完了している(Kishimoto-Yamada et al., 2009)。

いずれは、リード博士の協力をえて、ランビルに生息するハムシ相のリストを完成させたいと考えている。その作業は現在も進行中だが、時間がかかりそうだ。これまで私は、小学生や高校生などの児童や生徒に向けて自分の研究について紹介する機会があったが、「豊かな生物多様性」を説明するのに、種数で示すのがもっともわかりやすいようだと感じている。この地域では、これだけのグループが何種いますよというように。さらに、温帯など他の地域と比較できればなおわかりやすい。ランビルでは、インベントリーの充実をめざして、市岡孝朗博士を中心に、林床や林冠のアリ相やチョウ相など着々と目録作成が行われている。しかしながら、参考になるような種数についての情報がまとまったリストは、熱帯では、まだまだ不足している。たとえば、私の扱ってきた標本のなかで、種数も個体数も圧倒的多数を誇るのは、*Monolepta* 属である。なんと、近年まとめられたマレー半島とボルネオに生息するハムシのモノグラフ[*3]の中では、*Monolepta* 属は五一種が記録されているが、この数はほんの一部だろう。なぜなら、これまで、ボルネオ島の熱帯雨林の林冠部においてハムシ相について調べられたことはなく、ライトトラップによるハムシ科の採集も行われていない。すでに述べたとおり、熱帯林の特徴の一つに、複雑な垂直階層構造がある。これまで、新熱帯域の熱帯林では、林冠部と林床部のハムシ相は異なることが明らかにされている。

また、ランビルのライトトラップにおいても、一メートル地点、一七メートル地点、三五メートル地点で採れる量が著しく異なっており（Kishimoto-Yamada & Itioka, 2008a）、多くの種が林冠層でしか採れない印象をもっている。つまり、これまでの記録では、少なくとも東南アジア熱帯雨林では、林冠層のハムシ相はカバーされていないので、林冠でおもにハムシを採集してきた私の標本の分類と記載が進めば、たちまち種の数が増えると思われる。とくに、*Monolepta* 属は林冠部で多く、専門家に見てもらう前の私の仮同定の結果では、一〇〇種を超えている。しかしながら、*Monolepta* 属を専門とする分類学者が不足しているため、種同定にはかなりの時間を要するだろう。

このように未記載種が多くても、私の研究では、*Monolepta* 属は今後も研究対象から外せない。なぜなら、フタバガキ科サラノキ属の送粉者として重要なグループなので（Sakai et al., 1999b）、それらの生態情報の解明は、一斉開花のメカニズムを理解する糸口になると考えられるからだ。徐々にではあるが、これまでの私の研究でも、採餌行動が明らかになりつつある（Kishimoto-Yamada & Itioka, 2008a）。したがって、寄主植物の情報も含めたハムシ相のリストが作れればなお理想に近づく。これまで、コスタリカで、七亜科九二属一三七種のハムシの寄主植物の情報を網羅的に調べたリストが存在する。そうした仕事をめざし、いつか、東南アジア熱帯雨林でもまとまったリストを完成させたいと考えている。

＊（3）二〇〇四年に、マレー半島とボルネオで採集されたハムシ科のモノグラフ『Catalogue of Malaysian Chrysome

Iidae (Insecta : Coleoptera)』 Mohamedsaid 著 (PENSOFT publishers) が出版された。

コラム　ＤＮＡバーコーディングの可能性

今日、ＤＮＡバーコーディングの手法を活用した生態学的研究が徐々に増えている。ＤＮＡバーコーディングとは、種に特異的な短い塩基配列を遺伝的マーカー（ＤＮＡバーコード）として、種の同定を行おうとするものである。同定しようとしている分類群に適切な専門家がいない時、この方法を使えば、その分類群に精通していなくても、同定ができる。ただし、専門家が同定した標本の情報とそのＤＮＡバーコード情報がすでに蓄積されていることが前提にある。熱帯の昆虫の場合未記載種が多く、証拠標本の形態的情報にもとづく種の同定は後回しになってしまうかもしれないが、種を区別するのにより信頼性の高い方法として有効である。

最近では、私も植食性昆虫の寄主植物を同定するのに、ＤＮＡバーコーディングの手法を活用している。他にも、ＤＮＡバーコーディングを活用すれば、外部形態では同種か異種か区別がつきにくい幼虫世代の同定や、糞から餌の種類を特定するなど、今後熱帯の昆虫を対象にした研究にも応用されることが期待されている。

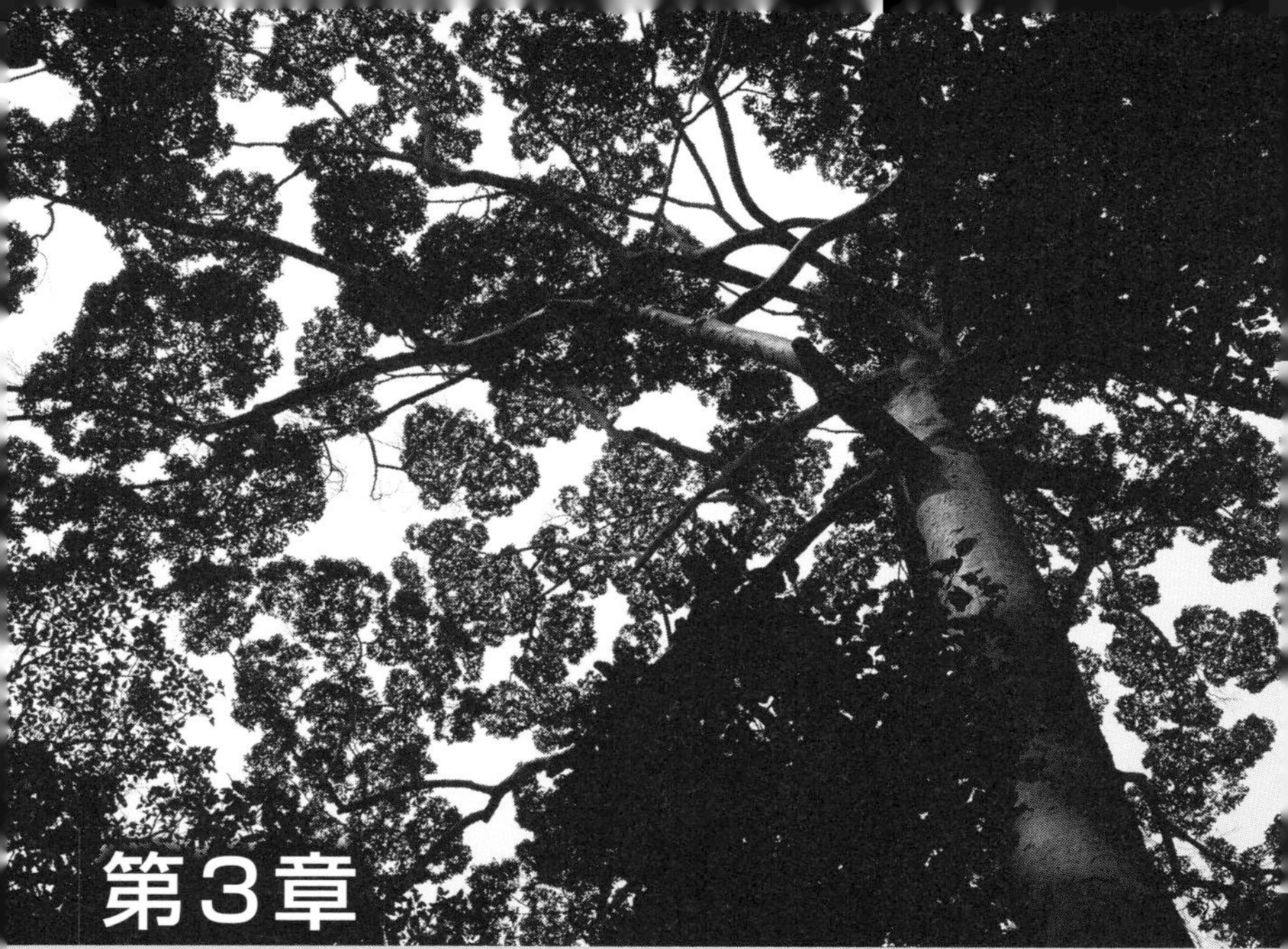

第3章

林冠の世界

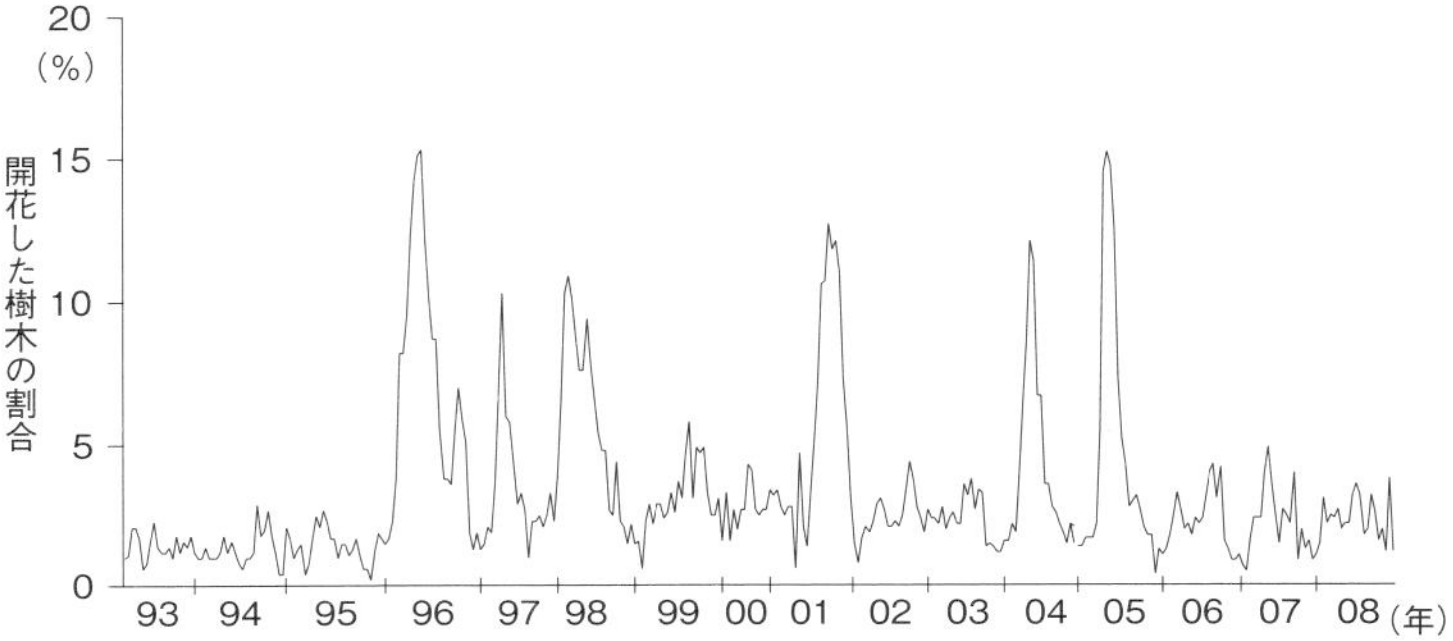

図3・1　群集レベルの樹木の開花フェノロジー．月2回平均502本の樹木の花の有無をカウントした．(出典：酒井ほか・未発表データ)．

一斉開花

東南アジアの低地に広がるフタバガキ混交林では、一斉開花という現象が知られている。一斉開花とは、フタバガキ科の樹木とフタバガキ以外の複数の科の樹木が同調して、数ヵ月の間に次々と花を咲かせる現象のことである。写真3・1をみてほしい。普段のフタバガキ林の林冠部に比べると(写真下)、一斉開花期の林冠部はところどころ白くなっているのがわかる(写真上)。樹木が一斉に開花すると聞いて、私たち日本人が真っ先に思い浮かべるのは桜だろう。毎年私たちは桜色に染まった春の風景を求めて、大挙して桜の名所を訪れる。熱帯雨林の一斉開花といえば、極彩色の花が咲き乱れる風景を想像し、ぜひ見たいと思われるかもしれない。しかし、一斉開花のときの林冠は、カラー写真であっても、写真3・1のような地味な風景なのである。第1章でも述べたとおり、フタバガキ林の多くの樹木は葉を一斉に落とすことがないので、花びらと葉が同居し、樹冠が花びらの色一色で染まることはない。

写真３・１　上は一斉開花期中のフタバガキ林林冠部．白く見えるのが開花した樹木．下は非一斉開花期中のフタバガキ林林冠部．フタバガキ林は１年を通して緑の葉が茂る．

写真3・2　一斉開花期には，*Koompasia excelsa* でオオミツバチの巣が観察される．矢印が巣を示している．

地味な風景といったが誤解しないでほしい。全体としてはめだたないが、一つひとつの樹冠に近づくと明らかにいつもとは違う。一斉開花がはじまると森は、普段とはまったく違う顔を見せてくれるのだ（次項以降参照）。*Dryobalanops aromatica* は白、*Shorea ferruginea* や *S.smithiana* はピンク、*S.acuta* は赤、*S.bullata* は黄色、*S.laxa* はクリーム色など、フタバガキ樹木は色とりどりの小さくかわいらしい花をつける。図3・1で示したように、一斉開花は、数年に一度、不規則な間隔で発生する。たとえば、一九九三年～九五年の間は開花した樹木の割合は極端に少ないが、一九九六年に一斉開花がはじまると、全体の開花量が増えているのがわかるだろう。また、一斉開花現象は数ヵ月間続き、その間に、いろいろな樹種が順番に花を咲かせるのだ。フタバガキ林は種の多様性が高く、一樹種あたりの個体数密度が著しく低い。桜のように圧倒させる美しさではないが、一斉開花の間中小さい花をつけた丸い樹冠がぽつぽつ出現すると、いつもの林冠とは異なる光景に、私たちの心は躍るのだ。

ランビルでは、常駐する森林局スタッフに植物フェノロジーの調査を依頼している。そのおかげで、データは、一九九二年以降、現在にいたるまで継続して蓄積され続けている。それは、酒井章子博士（総合地球環境学研究所）らによってまとめられ、次々と興奮をさそう成果が報告されている（Sakai et al., 2006など）。今日では、そのデータは日本にいる研究者に定期的にメールで送られてくる。私たちは、そのフェノロジーデータをみて、一斉開花を予想する。たとえば、多数のフタバガキ科樹木が花芽をつけているとの一報が入ると、一斉開花がくるのではとそわそわしはじめる。そして、写真3・2のように特定の樹木にオオミツバチの巣を発見したとの報告を受けたならば、いよいよはじまるぞと確信する。最近では、酒井博士の研究結果によって、ランビルでは乾燥が一斉開花のトリガーであると考えられていることから（Sakai et al., 2006）、先程の情報の裏づけとして、気象データをみて短期の乾燥がここ数週間の間に発生したかどうかを確認して現地入りするかどうかを決める。さて、私のこれまでの経験では、こうした事前の予測はなかなかうまくいかないものだ。きたかきたかと出張準備をして、幾度となく裏切られた。また、ランビルで活動している研究者の誰もが海外出張ができない時に限って咲くこともあり、こんな時は読めない相手に脱帽するしかない。私自身、生き物を対象にしたフィールド研究は、われわれの思い通りにはいかないものだということを何度も思い知らされてきた。

そのような事から、一斉開花や関連現象を修士や博士論文研究の題材とするのは無謀かもしれない。開花頻度が二〜一〇年だから、長い目でみて、大学院に在籍できる最大限の年数を使ってでも、どうしても一斉開花について研究したいなら別であるが、そうでもなければデータがとれないまま時をすごすのは精神的にもつらいし、最終的に学位を取得できるかも定かでない。となると、一斉開花を主題にしない、もしくは保険として別のテーマを同時進行させるしかない。私は、既存の昆虫標本を使って一斉開花がハムシの数の変動にどのような影響を与えているかを明らかにすることを研究のメインに据えて、在学中に実際の一斉開花に遭遇できればラッキーという思いで、一斉開花に関わる訪花性昆虫の行動を観察するための林冠調査を平行して行った。

一斉開花やそれに続く一斉結実現象、それらと昆虫や哺乳動物、鳥などとの関係は、比較的よく調べられている。一斉開花現象については、『生命の宝庫・熱帯雨林』(井上民二著・日本放送出版協会)、『熱帯雨林』(湯本貴和著・岩波書店)、『熱帯雨林を観る』(百瀬邦泰著・講談社)などで詳しい。また、近年わかってきた一斉開花が発生するメカニズムについても書かれている、『熱帯雨林の自然史』(安田雅俊・長田典之・松林尚志・沼田真也編著・東海大学出版会)や『熱帯林研究ノート』(中静透編・東海大学出版会)などがあるので、詳しく知りたい人はそれらを読んでほしい。

花に集まる虫たち

植物には、動物に花弁・花蜜・花粉などのいわゆる報酬をあたえ、その動物が間違えないように他の植物種と異なる色や香りの花をもつことで、同じ種の他の個体まで花粉を運んでもらって繁殖をする「動物媒花」が多く存在する。そして、その繁殖を支えている昆虫や哺乳動物、鳥などを「送粉者」と呼ぶ。送粉者は、動けない植物の代わりに花粉を積極的に運ぼうとしているわけではない。彼らは、自分の餌を獲得するために花に訪れ、その際に体表に付着した花粉が意図されずに、他の植物個体に運ばれるのである。その行為が、結果的に植物の繁殖成功につながるというわけだ。

これまでランビルでは、樹木に取りつけたはしごやウォークウェイを使って、七三科二七〇樹木の送粉者が調べられている(Momose et al., 1998)。送粉者として記録されたのは、哺乳類(おもにコウモリやリス)、鳥類、昆虫類であった。昆虫は、ハナバチ、チョウ、ガ、甲虫、アザミウマなどの仲間が観察されている。これらの送粉者の多くは、一九九六年の一斉開花期に多くの樹木が開花した際に記録されたものであった。通常は、開花する樹木は全体の三パーセント以下だが、この時の一斉開花では、多い時で二一・一パーセントの樹木の個体が花を咲かせた(Sakai et al., 1999a)。その開花がいよいよはじまるということになり、開花した樹木の送粉者を明らかにするため、井上民二博士(故人・京都大学)を中心に大勢の研究者がランビルを訪れ、調査を行ったそうだ。そうして集まった研究者は、ローテーションを組み、二四時間観察と訪花者の採集を行ったと聞いている。私が二〇〇五年に一斉開花期に居合わせた時は、ウォークウェイのテラスの上で、早朝と夜間に数時間一人で観察をしていた。いつもと違って花が咲くと林冠部でたくさんの昆虫を観察することができ、一人でいてもかなり興奮したものだ。一九九六年の一斉開花期の調査は、多くの研究者が一緒になってこれまで誰も知らなかったことを明らかにしていくのだから、調査量も、興奮も、議論も、お祭り級だったと想像する。こうして、世界ではじめて、群集規模の、一斉開花期に開花する樹種の送粉者が明らかにされたのだった。

ランビルの森で、フタバガキ科(五属二七種)の送粉者としておもに知られているのは、甲虫やミツバチ類である。甲虫のなかではハムシ科が多く、それらは一斉開花期には花弁(花びら)を求めて、花に集まることが観察されている。ミツバチ類は花粉や花蜜を餌とするので、フタバガキ科リュウノウジュ属樹種をはじめ多くの高木樹種の花に、働きバチが次々と集まる。こうして、送粉者は一斉開花期に急激に増えた花資源を求めてフタバガキ樹木の花に集まる一方で、花がなくなる非一斉開花期には、極端な餌不足に陥ることが予想される。また、送粉者に限らずとも、花資源を餌とする昆虫が餌不足をどのように回避しているのかという問題は、東南アジア熱帯特有の環境に対して昆虫がどのように生活史適応を遂げているのかという観点から魅力的なテーマの一つだと思う。

これまで、フタバガキ科樹木では、昆虫による送粉行動が、繁殖成功に重要であることが実験的に調べられている(Sakai et al., 1999bなど)。したがって、植物側からみると、一斉開花の時、じゅうぶんな数の送粉者が存在し、それらによって花粉が運ばれなければ、繁殖に成功できないことを意味している。この事実から、東南アジアのフタバガキ科の研究で著名なピーター・アシュトン(Peter S. Ashton)博士[*1]と共同研究者らは、一斉開花に同調する樹種が繁殖に成功し森林が維持される条件として、送粉者は急激に個体数を増やすか、急速に移動してくることで、突然出現する花という資源に対応できる生活史特性をもつものでなければならないだろうと予想した。したがって、一斉開花に対する送粉者の個体数の反応や行動を調べるのは、東南アジア熱帯の森林がどのように維持されているかを理解する最も基本的なテーマの一つでもあるのだ。

これまで、一斉開花に同調する樹種の一斉開花期と非一斉開花期における送粉者の挙動を突き止めようとした研究がいくつか報告されている。その中で、アザミウマとオオミツバチについては、一斉開花に対する反応と、いくつかの状況証拠にもとづいた非一斉開花期の行動について議論されているので、詳しく紹介する。

＊（1）博士は、二〇〇七年四月に日本国際賞を受賞された。

アザミウマと一斉開花

マレー半島のパソ森林保護区では、フタバガキ科のサラノキ属樹種（*Shorea*）の送粉者は、数種のアザミウマ（アザミウマ目）であると考えられている（Appanah & Chan, 1981, Ashton et al., 1988）。他に、ハエ目、カメムシ目、コウチュウ目も花上で目撃されているが、わずかな個体が訪花したにすぎない。彼らは、サラノキ属樹種とアザミウマについて興味深い観察結果を報告し、その後の一斉開花と送粉者間の相互関係に関する研究の発端となった。彼らの観察によると、アザミウマ成虫は、花粉を食べ、まだ開いていない花芽に産卵する。幼虫は花弁を餌とし、急速に成長する。花のなかで採餌活動をしているので、体表に花粉が大量に付着することになる。アザミウマの体は小さく（体長数ミリ程度のものが多い）、飛翔力が弱い。フタバガキ科樹種は、同じ種の別の個体の花に花粉が運ばれて結実するので、飛翔力が弱いアザミウマは、花のなかにいながら古い花もろとも地面に落下し、翌日花が咲く頃には風を利用して別の個体の新しい花にたどりつくと予想されている（Ashton et al., 1988）。

そのアザミウマは、一斉開花に同調する樹木の理想的なパートナーだといわれている（Ashton et al., 1988）。彼らの研究によると、六種のサラノキ属樹種が二ヵ月半の間に、順番に咲くことがわかっている。一種あたりの開花期間はだいたい二～三・五週間である。Appanah & Chan (1981) の研究によると、花上で見つかったアザミウマの一世代にかかる時間はわずか八日で、一メスあたり平均二七の卵を産むことがわかっている。したがって、アザミウマは、餌不足に陥ると考えられる非一斉開花期にわずかな個体群さえ維持できれば、一斉開花がはじまって二週間もあれば急速に個体数を増やすことができるのだ。こうして、じゅうぶんに送粉に寄与できる個体数水準に達することができ、サラノキ属の繁殖に役立っていると理解されている。しかしながら、非一斉開花期中にどの程度の個体群が維持されているのかは不明で、最初に咲きはじめた樹種がアザミウマによってじゅうぶんに送粉されているかどうかについて疑問が残る。

アザミウマは、非一斉開花期にどのように個体群を維持しているのか。彼らは、非一斉開花期中に、粘着トラップ（粘着物を円筒管などの側面に塗りつけ飛翔昆虫を捕らえる）を使って林床で虫を採集するとともに、その間に開花したサラノキ属以外の植物の花を観察し、サラノキ樹種の送粉者と同じ種類のアザミウマがいるのかを調べた。その結果、粘着トラップでも花上でも、送粉者と同じ種類のアザミウマ類が採れたので、非一斉開花期には、送粉者のアザミウマ類は、サラノキ属よりも開花頻度の高い花資源に依存していると推測されている(Appanah & Chan, 1981)。

オオミツバチと一斉開花

ランビルでは、フタバガキ科のリュウノウジュ属(*Dryobalanops*)などいくつかの高木樹種で、オオミツバチ(ミツバチ科)の送粉行動が観察されている(Momose et al., 1998)。オオミツバチの体長は、セイヨウミツバチやニホンミツバチの二倍ほどあり、一五〇〜二〇〇キロメートルにわたって移動するような、移動性に優れたミツバチの一種である。ランビルでは、一斉開花の時にだけ、樹高七〇メートルに達するような樹木に鈴なりになったオオミツバチの巣を目撃できる(写真3・2)。ランビルではないが、多い時は、一本の木に一〇〇巣以上が釣り下がっていることもあるそうだ。ランビルでは、特定の樹木*Koompasia excelsa*(マメ科)を定期的に巡回し、オオミツバチの巣の有無が記録されると同時に、一九九二年から六年間にわたってライトトラップで採集されたオオミツバチの働きバチの個体数変化が調べられた(Itioka et al., 2001)。その結果、巣の数も働きバチの数も一斉開花期にのみ著しく増加し、一斉開花が終わるとほとんど居なくなることがわかった。これらの結果から、一頭の女王バチと莫大な数の働きバチで構成されたコロニーが大量に移動することで、一斉開花に同調する多数の高木樹種の繁殖が維持されていることがわかってきたのだ。

一方、花量が極端に減少すると、巣は消滅する。理由はわかっていないそうだが、オオミツバチは特定の樹種の特定の個体を営巣場所として選ぶらしい。ランビル周辺では、いくつかの*Koompasia excelsa*の樹が営巣場所として選ばれるが、普段は写真3・2でみられるようなオオミツバチの巣は一つもみつからない。一斉開花が発生した森にやってきた時と同様に、コロニー単位で一斉に森を去っていくからだ。その後の研究では、普段は、淡水湿地林など、開花の頻度がより高い場所で高頻度の営巣が観察されている。このことから、これらの生息地がコロニーの維持に寄与していると考えられている（鮫島、未発表）。

コラム　オオミツバチの襲撃！

二〇〇九年九月初旬、四ヘクタール調査区内のフタバガキ科の*Shorea beccariana*という高木にオオミツバチの巣がついているのを目撃した（写真3・3）。ランビルでは、*K. excelsa*以外の木に巣が作られるのは珍しい。そのオオミツバチの巣は、クレーンの支柱からよく観察できたので、その頃ランビルに滞在していた人たちはこぞって巣を写真に収め、日に日に大きくなる巣を観察して喜んでいた。同時に、巣板にぎっしりとうごめいている働きバチをみて、あれに襲われたら死ぬかもしれないと、クレーンを使用する人は働きバチの動きに注意を払っていた。日本でも毎年スズメバチに刺されて死亡するというニュースを耳にする。スズ

写真3・3　2009年9月，4ヘクタール調査区内の*Shorea beccariana*にオオミツバチの巣が形成された．巣板は，働きバチによって隙間なくおおわれ，黒く見える．

メバチを含むハチ類による死亡者は毎年一〇～数十名におよぶらしい。まさにハチの存在はフィールドワーカーにとって脅威である。ハチに刺されて皮膚からハチ毒が入ると、アナフィラキシーショックという急性アレルギー反応を起こすことがある。これは、じんま疹や紅潮などの皮膚の症状や、呼吸困難、意識障害などの症状をともなうことがあり、死にいたる場合もあるので、フィールドワークをする人でハチに刺されたことがある人は、ハチ毒に対してアレルギー反応が陽性かどうか調べたほうがいい。アレルギー反応が陽性だった人は、単独の調査やインフラが整備されていない地域の調査では、病院にすぐに行けないことを考えて、抗ヒスタミン剤の注射を携帯する必要があるだろう。

さて、私は、オオミツバチの巣を警戒しながら連日調査をこなし、とうとう今日で終わりを迎えることができるという日、オオミツバチに襲撃された。その日、私は巣からおおよそ一〇

写真3・4　オオミツバチと筆者の顔や手から抜いた毒針．ミツバチ類の毒針は釣り針のように返しがついているため，一度刺すと針や毒嚢と一緒に内臓まで抜けてしまう．当然，刺した働きバチは死ぬことになる．

メートル離れた樹木にゴンドラを近づけ、地上からおよそ三五メートル部分の樹冠に取りつけた衝突板トラップ（飛翔昆虫を透明な板にぶつけて捕獲する装置）を回収しようとしていた。運転は、オペレータールームで共同研究者が行っていた。運転者も私も巣を刺激しないようにと細心の注意を払っていた。ところが、回収作業の途中で巣の方向に身体を向けたとき、巣板にびっしり整列していた働きバチがばらばらとくずれていくのを目の端で捉えた。怒った働きバチが、こちらをめがけて向かってこようとしている。もうだめだ、逃げられないと、私は覚悟し、咄嗟に捕虫網を自分にかぶせた。露出している顔だけはなんとか守りたいと思ったのだ。次の瞬間にはもう、ハチの集団に取り囲まれていた。網の中にもハチが入ってきたが、ハチを殺すわけにはいかない。身の危険を感じたハチは攻撃フェロモンを出し、そのフェロモンを感知した別のハチが一層攻撃的になるからだ。ゴンドラから飛び降りたら楽になれるかもしれないという思いが一瞬頭をかすめたが、うずくまりながらただひたすらに「怒りの羽音」がゴンドラから去っていくことを祈った。本来ならば、発進の指示は、ゴンドラに乗っている私がトランシーバーを使って運転手にしなければならない。しかし、焦っていて指示ができず、双眼鏡でゴンドラの様子をみていた運転手の判断で定位置まで戻ることができた。正確には何頭くらいのハチが襲ってきたのかはわからないが、首から上、手の甲に加えて、網に入りきらなかった脚（厚手のズボンをはいていたが）の全部で一五箇所も刺されてしまった。それでも、逃げも隠れもできないゴンドラ内で咄嗟に網をかぶったおかげで被害を最小限に防げたと思う。

結局、ゴンドラが着陸したとき、下まで追ってきたハチは二個体のみだった。運転手の話によると、ゴンドラを地上八〇メートル地点まで引き上げた時もかなりの数のハチがゴンドラの回りで騒いでいたらしい。ゴンドラが陸に戻るまでの時間は十数分だったので、その間アレルギー症状を起こさなかったことにひとまず安心したが、刺された箇所が痛いうえに顔に針がささったままの情けない姿で下山するはめになった（写真3・4）。

それから数時間は手が動かなくなったが、幸い、他の症状はなかった。しかし、数時間後にアレルギー症状がでる場合もあるので、症状がでなくても病院には行ったほうがよい。私は刺されてから六時間後に病院に行って、来るのが遅いと医者に叱られた。結局、夜になって関節が痛くなり、処方された解熱剤を飲んで痛みを鎮めた。昆虫学を専門とする者が情けないといわれそうだが、その日は痛みより恐怖でなかなか眠れなかった。そして、しばらくは昆虫の羽音がすべてハチの羽音に聞こえてびくびくしてしまうという外傷よりも心の傷に悩まされた。生物実習などで、学生に「フィールドワークには危険がつきもの、時には死にいたる場合もある」と口にしてきたが、どこか他人事のような気でもしていたのだろう。自分の身にふりかかって、改めてフィールドワークの恐ろしさを痛感した。

コラム　痛い虫

オオミツバチや他の社会性をもつハチ類の襲撃は頻繁に起こるわけではないが、日々その存在に注意しなければならない虫たちもいる。たとえば、夜間ウォークウェイ上で昆虫採集をしていると、ヘッドライトにはいろいろな虫が集まってくる。うっとうしくてもそれらをはらう前にそれが何かを確認したほうがよい。それが、スズメバチ科のヤミスズメバチ *Provespa anomala*[*2]だったとしたら、刺されたら痛い上にアレルギー反応を起こすかもしれないので要注意だ。

死に直結することはないものの、痛い思いをする嫌な存在といえば、数種類のアリたちだ。たとえば、ハシリハリアリ（*Leptogenys*）属（ハリアリ亜科）の仲間は、昼間も夜間も長い列をなして歩いているのを見かけるが、その列に間違って脚を踏み入れたら最後、多数の働きアリに一斉に刺されてしまう。これはかなり痛いのだ。普段は気をつけて歩いているのだが、夜の調査で、はしごを降りたちょうど真下や、大きな丸太を越えようと手をついた地点にこのアリがいて、あまりの痛さに大声を上げてしまった。このアリの仲間は、現地の言葉（イバン語）で「スマダ」というらしい。私の旧姓はヤマダなので、現地の人は、このスマダを発見するたびに、「スマダヤマダ」とからかってくるので、よけいに気をつけなければならない。

二次林（火災や人為によって攪乱を受けた後に成立した林）の調査では、さらにツムギアリ（*Oecophylla smaragdina*）の脅威が加わる。集団で襲いかかるハシリハリアリほどの痛さではないが、ツムギアリは一度かみつくとなかなか離れてくれない。攪乱地で頻繁に見かけることもあいまって、憎らしさが倍増する。つい先日は、アギトアリ（*Odontomachus*）属の働きアリに噛まれた。アギトアリに噛まれたのははじめての体験であったが、これは後引く痛さであった。こうしたアリの脅威はほとんどの場合笑い話で済むが、フィールドワークは常に危険と隣りあわせだ。実際に死にいたる事故も少なくない。フィールドでは常に緊張感をもつことはもちろん、事前に、どのような危険があるのかなどしっかり調べていくことが重要だろう。

＊（2）ランビルには、*Provespa*属は、他に*P.nocturna*も生息していたが、一九九八年の強い旱魃の後、八ヘクタール調査区周辺ではみかけなくなってしまった（市岡・岸本　未発表）。

ランビルのハムシとサラノキ

ランビルでは、ハムシやゾウムシなどの甲虫やアザミウマ目の数種が、サラノキ属の一種*Shorea parvifolia*の花上で観察されていた（Sakai et al. 1999b）。前述のとおり、マレー半島の研究では、アザミウマ類が一部のサラノキ属樹種の有効な送粉者として知られていたので、ランビルではどちらが有効な送粉者であるのかを、Sakaiら（1999b）は実験によって証明した。具体的には、*S.parvifolia*の花がついた枝に袋をかけ、他の*S.parvifolia*個体で採集したアザミウマおよび甲虫（ハムシを含む）をその袋の中に導入してどちらの花がより結実率が高いかを測定した。その結果、ハムシを導入した花のほうが、アザミウマを導入した花よりも多く結実していることがわかった。したがって、ハムシは少なくともサラノキ属の一種においては、有効な送粉者であると考えられている。ちなみに、自家受粉（自分の花粉によって受精すること）させた花は結実しなかったので、送粉者が花粉を同じ種類の別の個体に運ぶということが、フタバガキ科の繁殖成功に重要であるのだろう。また、写真や標本が残されているわけではないが、同じ種類と思われるハムシが同じ樹木の新葉の上でも目撃されていた（Sakai et al., 1999b）。この観察結果から、彼らは、ハムシは普段は同樹種の新葉を食べ、花がある時は花に餌を切り替えることを予想し、この餌を切り替える行動によって一斉開花期に急増する花へ即座に対応できると考えた。さらには、サラノキ属樹種は、一斉開花期の送粉効率を高めるため、非一斉開花期には葉を送粉者に提供して養うといった、両者の関係の強い結びつきを想像させるような魅力的な仮説が立てられたのだった（Sakai et al., 1999b）。

この仮説から推察されることが二つある。一つは、ハムシの個体数は、一斉開花期に若干増えることがあったとしても、非一斉開花期には代替の餌があるので極端に減少しないこと。ましてや、オオミツバチのように、その森からまったくいなくなることは考えられない。次は、非一斉開花期の時にフタバガキの新葉をはじめとする植物部位を餌としているなら、ハムシの行動範囲は、一斉開花・非一斉開花期を通して、林冠部が中心であること。私は、まず、その二つを検証することを考えた。そして、非一斉開花期のハムシの餌について、これまでは簡単な目撃情報のみに基づいていたので、野外の実証データによって解き明かすことをめざした。

最初の二つを明らかにするためには、ライトトラップで得られた標本が理想的な材料だった。なぜなら、ライトトラップが設置されてきた一九九三年から一九九九年までの間に、九六年、九七年、九八年の三度の開花が観測されていたのだ（図3・1）。つまりこれは、不安定な自然現象に振り回されることなく、三度の一斉開花の効果を検証できることを意味する。

また別の理由としてライトトラップで集められた標本の中には、実際に一斉開花に訪花していたハムシが多く含まれていたからである。一九九六年の一斉開花期で採集されたたくさんの訪花者は乾燥標本にされ、分類作業や分析のため、サラワク政府から借り受け、日本国内で保管されていた。研究が終了したら返却することになっている。この標本と、ライトトラップで集めたハムシ標本とを見比べると、同一の種が比較的多く含まれていることに気づいた（全体の二二パーセント）。そこで、ライトトラップの中の訪花性ハムシ七〇種を今回の研究対象に決めた。

ハムシは一斉開花になると増えるのか？

まずはじめに、訪花性ハムシ全体の種数と個体数が、一斉開花と非一斉開花期を通してどのように変動しているのかを調べた（Kishimoto-Yamada & Itioka, 2008a）。図3・2をみると、訪花性ハムシの種数は、一斉開花のはじまりによって増えた花量と同調して極端に増加することはなかった。つまり、一斉開花がはじまったからといって、オオミツバチのように、周辺からフタバガキ林に移動してくるようなハムシは少ないことが推測される。また、訪花性ハムシ全体の個体数も、オオミツバチとは違って、非一斉開花期に著しく減少することはなかった（図3・3）。種ごとに個体数変動パターンを分析しても、傾向は同じ

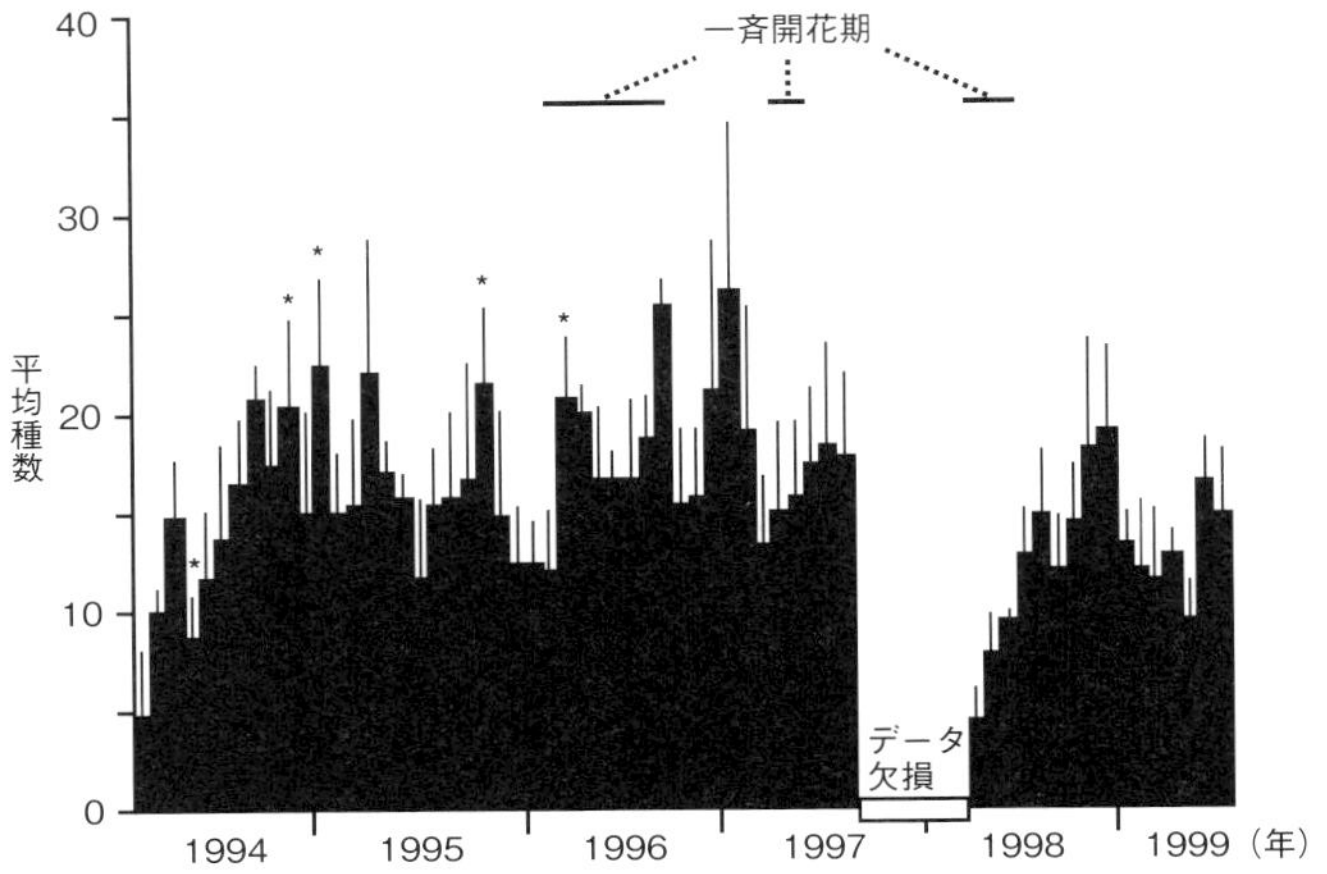

図3・2　非一斉開花・一斉開花期を通した訪花性ハムシの種数の時間変化．＊は，反復測定1元配置分散分析の結果，他の月の種数と著しい差がみられたことを示す．Kishimoto-Yamada & Itioka（2008a）を改変．

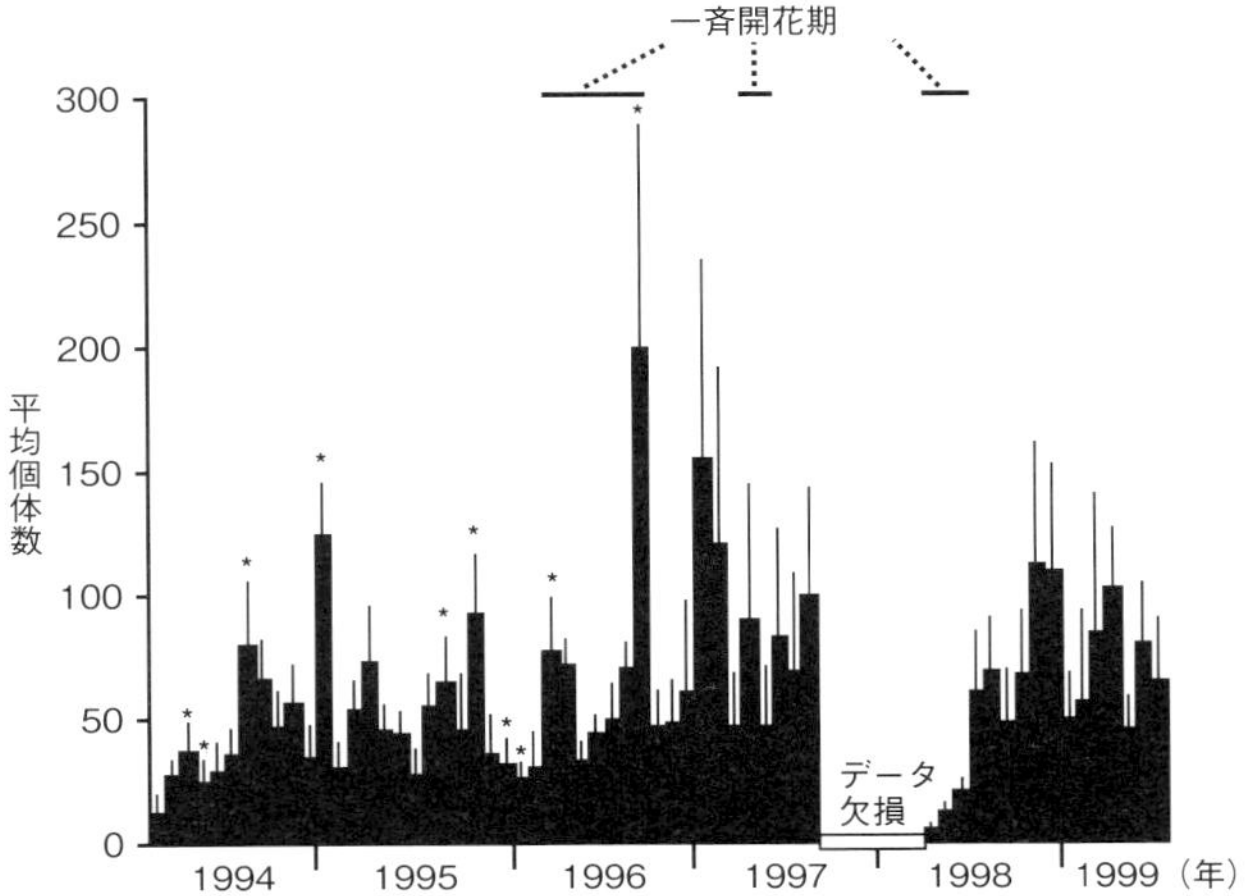

図3・3　非一斉開花・一斉開花期を通した訪花性ハムシの個体数の時間変化．＊は，反復測定1元配置分散分析の結果，他の月の個体数と著しい差がみられたことを示す．Kishimoto-Yamada & Itioka（2008a）を改変．

で、一斉開花期中に極端に増加するパターンも見られなかったし、また非一斉開花期に極端に減少するパターンもみられなかった。つまり、一斉開花期に利用できる花資源を餌とするハムシでも一斉開花・非一斉開花期を通して定住し、少なくとも個体数の多い二二種では、開花期とほぼ同水準の個体数を維持していることが示されたのだ。したがって、仮説どおり、訪花性ハムシは、非一斉開花期には、フタバガキ科樹木の花以外の利用可能な餌資源をえて個体群を維持していることが考察された。

ハムシの垂直分布パターン

ライトトラップによる観測は、昆虫の垂直分布を明らかにすることも一つの目的だったので、第2章図2・2で示したように、高さの異なる三箇所に設置して行われてきた。したがって、一斉開花期中と非一斉開花期中とで、ハムシの垂直分布を比較して、パターンが異なるのかどうかを検出すれば、林冠に花がなくなった時ハムシがどの階層で採餌活動を行っているかが推測できるのだ。たとえば、非一斉開花期には林冠部に花資源がほとんどなくなるので、林冠部から離れて餌を探すことがあるかもしれ

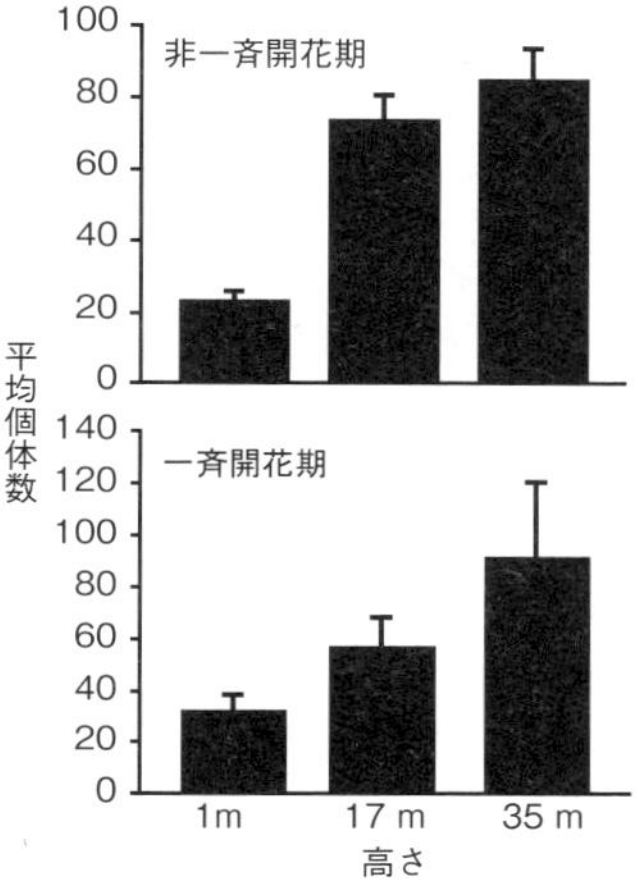

図3・4　非一斉開花期と一斉開花期の訪花性ハムシの垂直分布．Kishimoto-Yamada & Itioka (2008a) を改変．

ない。その場合、一斉開花期にはハムシは林冠部に多く、非一斉開花期は中間層や林床部に多いという結果が予想される。解析したところ、その予想に反して、訪花性ハムシの多くが一斉開花・非一斉開花期を通して林床より林冠でより多く採集された(図3・4)。したがって、ほとんどの訪花性ハムシの採餌行動は常に林冠部が中心であると考えられた。もっとも、ランビルで継続的に集められた植物フェノロジーデータを検討すると、非一斉開花期に林床部で開花する植物が多いという傾向は見られなかった(Sakai et al. 1999b)。この事実も考えあわせると、ランビルでは、ハムシは常に林冠部で多く、林冠部で獲得できる餌資源を利用していることが示唆された。

花がない時のハムシの餌

これらの結果から、酒井博士らの仮説が確からしいと考えられる。あとは、実証的にハムシが何を食べているのか示せばいいのだ。非一斉開花期には、ハムシが同樹種の新葉上にいたという目撃情報や、ハムシが常に林冠に多いという垂直分布パターンを頼りに、とにかく、林冠部でハムシを採集し、ハムシの餌を確かめようとした。

この作業は予想以上に苦しいものとなった。ハムシがなかなか採れないのだ。これまで、植食性昆虫の多くで、成熟した葉よりもやわらかく、水分や窒素含量が高い新葉を好むことが知られている。ハムシ成虫においても新葉を好むことは予想していたが、これまでフタバガキ林の林冠部でどのような植食性昆虫がいつどこで何を食べているのかといった基本的な問題すらきちんと調べられてこなかったので、網羅的に林冠で植食性昆虫を採集することにしたのだ。結局、葉や花を展開していない樹木、すなわち、葉が成熟しきっている状態では、ハムシはおろか他の植食性昆虫もほとんど採れないことがわかった。このように多くの植食性昆虫で成熟葉より新葉や花を好むという傾向をデータで示すには、成熟葉に虫がいないことをきちんと示さなければならない。したがって、虫がいないことがわかっても、私は、ウォークウェイ沿いのフタバカキ科を含む十数本の樹木を対象に、毎日数本ずつ樹冠まではしごを使って登った。樹冠では、直径六〇センチメートルの捕虫網を使って同じ数だけ網を振っていた。いるということを示すのは、極端なことをいえば、一点のデータだけでも説明できるが、いないことを証明するには、ある程度説得力のあるデータ量で勝負しなければならないからだ。

このように普段はあまり昆虫がいない林冠部も、新葉が出現すると少しだけ騒がしくなる。やわらかく栄養価が高い新葉を求めて昆虫が集まってくるからだ。ハムシ成虫は、樹種によって傾向は異なるが、新葉上で観察できる個体数は、多いもので、成熟葉上の三〜七倍程度であった(図3・5)。

さて、林冠に花がない時(非一斉開花期)に、私が研究の対象としていた十数本の樹木では、新葉がでている時だけハムシ成虫が採集できるとわかったが、昆虫標本を使った分析では、ハムシ科のほとんどの種で一年中出現することが確認されていた(第4章参照)。樹種によっては連続的に新葉をだすものも知られているが、多くの樹種は年に一回〜数回、断続的に展葉する。ときどきしか新葉をださない樹種でもハムシは採集されているので、これらの事実から、ハムシは特定の樹種の新葉に依存しているわけでは

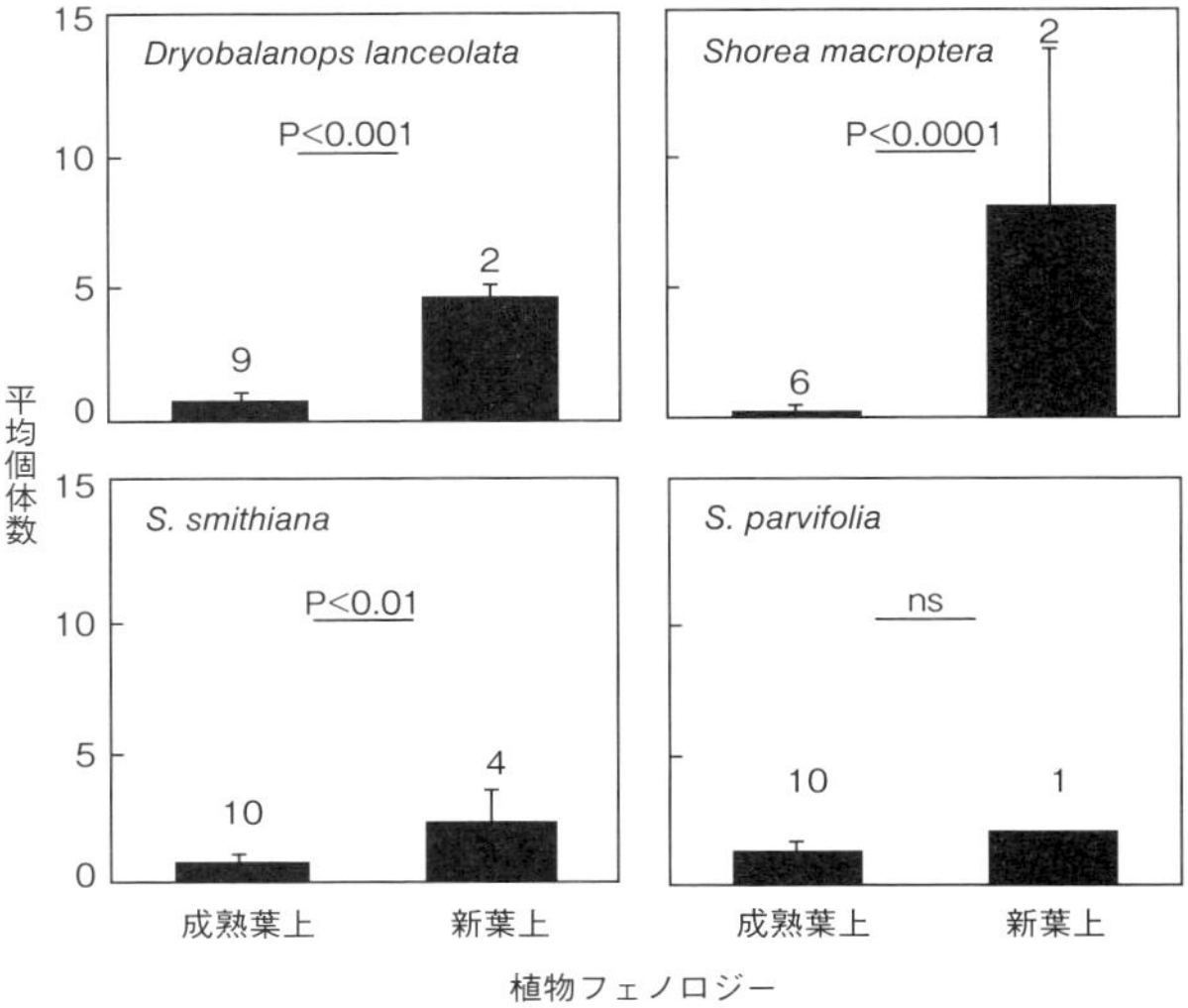

図3・5　林冠調査期間中に展葉した4樹種の成熟葉・新葉上にいたハムシ科成虫の個体数を表した．バーの上の数字は調査日数を示す．χ二乗検定の結果，ほとんどの樹種で成熟上より新葉上でハムシの個体数が有意に多いことがわかった． Kishimoto-Yamada & Itioka（2008a）を改変．

なく、いろいろな時期に出現する新葉を利用するのではないかと私は考え、対象種を広げることにした。具体的には、分類群にこだわらず花や新葉を展開した樹木を対象に、ウォークウェイだけでなくクレーンも駆使して、これまで採集した訪花性ハムシ種が採れるのかどうかを調べた。調査地では、新葉が出現する頻度は開花の頻度よりも多いものの、種によっては断続的で不規則に新葉の展開が生じる。私の調査は、こうした不規則で偶然性の高い資源に左右されるため、クレーンを使うことでアクセスできる樹木の本数を増やし効率をあげることができた（写真3・5）。これまでの林冠ウォークウェイを使った調査は、長時間の観察や夜間でも自由に利用できるという点に優れていたが、アクセスできる樹木の本数が限られているうえに、樹冠部の一部でしか採集ができなかった。

結局、およそ八回の滞在で一八樹種の樹冠に繰り返し登り、採集した訪花性ハムシは六八種五二七個体だった。六八種のうち約六三パーセントが非一斉開花期にも林冠部で採集され、ほとんどがフタバガキ樹種の新葉上にいたことが明らかにされた(図3・6)。また、個体数は少ないものの、フタバガキ科樹種の花に訪れる数種が、非一斉開花期に出現するフタバガキ科以外の樹木の新葉と花の上でも採集された(図3・6)。

写真3・5　クレーンを使って植食性昆虫を採集する筆者.(撮影:田中洋)

しかしながら、葉の上にいたという情報だけでは実際に食べているかどうかは不明のままである。それを証明するため、採ってきたハムシに、そのハムシがいた新葉や花を与えて、実際に食べるのかどうかを調べた(Kishimoto-Yamada & Itioka, 2008a)。その結果、一〇個体の成虫で新葉を食べるのを観察することができた。さらに、花と新葉どちらも餌として利用する種がいることもこの実験によって明らかにすることができたのだ(写真3・6, 3・7)。

こうした一連の研究結果から、訪花性ハムシの多くが、アザミウマやオオミツバチでみられ

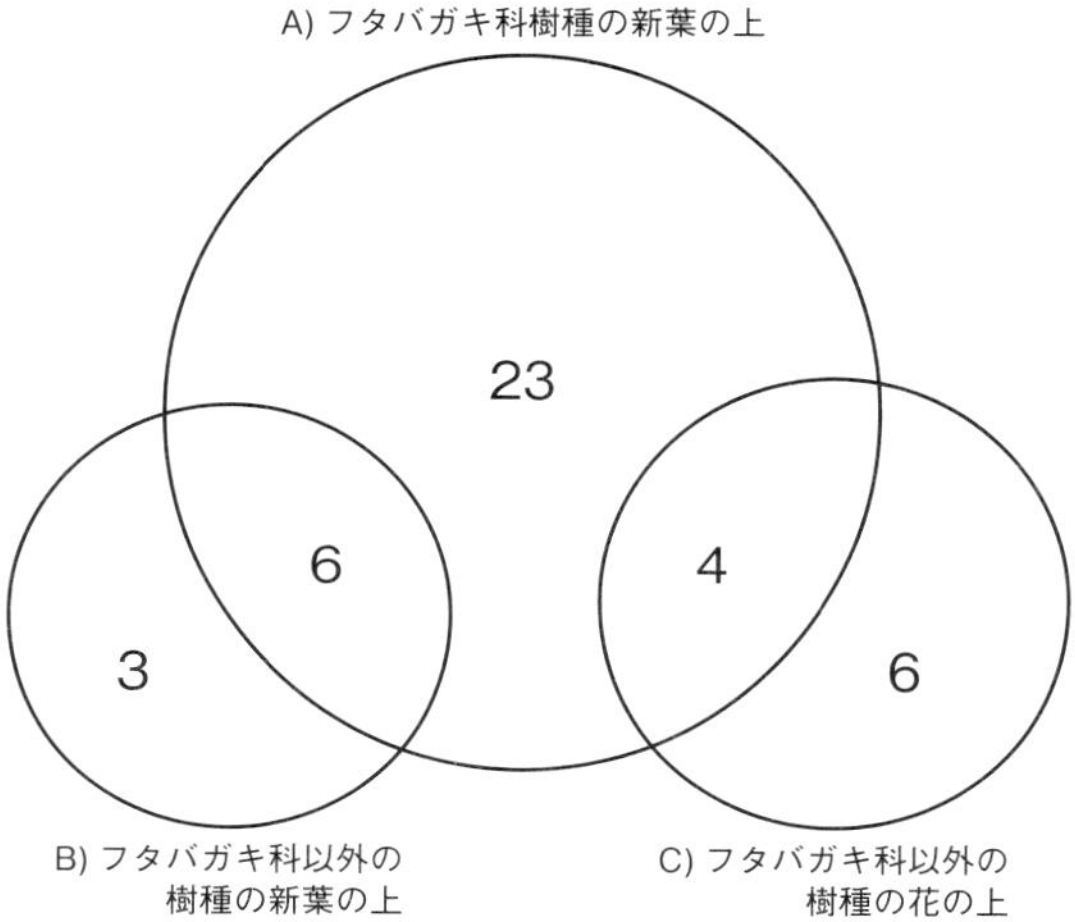

図3・6　一斉開花期中に訪花が確認されたハムシが非一斉開花期に何を食べているのかを調べた林冠調査の結果．円の中の数字は，その訪花性ハムシのなかで，非一斉開花期中に，A) フタバガキ科樹種の新葉上，B) フタバガキ科以外の樹種の新葉上，C) フタバガキ科以外の樹種の花上で採集されたハムシの種数を表す．円が重なりあっている部分は，両方で採集されたことを示す．Kishimoto-Yamada & Itioka (2008a) を改変．

た個体数変動パターンとは違って、非一斉開花期にも一斉開花期と同程度の種数・個体数水準を保っていることがわかった。数年続く非一斉開花期には、林冠部の花資源は極端に減少するものの、ハムシは餌として利用する植物部位を、花から葉へと切り替えることで個体群を維持していると考えられた。したがって、予測性の低い不規則な間隔で一斉開花がはじまっても、すぐに対応することができ、結果的に送粉者としてじゅうぶんに機能することが推測された。ハムシ成虫は、通常（非一斉開花期）は、いろいろな植物上に低密度でちらばり、その時利用できる新葉や花を餌として個体数を維持していると考えられる。しかし、開花がはじまると匂いや色がめだつ花に、多数の種が一斉に集まり、花弁を食べている時に花粉が体表に付着するだろう。そして、そのような行動が、サラノキ属樹種の繁殖に貢献していると考えられるのだ。これまで、アザミウマやオオミ

写真3・6　室内で，ハムシの摂食を確認した．*Shorea smithiana* の花を食べる *Theopea sp.*

写真3・7　室内で *Shorea smithiana* の花を食べる *Theopea sp.*

ツバチの興味深い個体数の変動や行動パターンが明らかにされてきたが、ランビルの送粉者ハムシ科成虫は、それらのどちらとも異なるパターンをもつことがはじめて実証された。

ところで、前述したとおり、ハムシの多くで、非一斉開花期には、フタバガキ科の中でも複数の樹種で採れることが確かめられた。ハムシ数種については、フタバガキ科以外の樹木の花や新葉上でも発見された(図3・6)。また、室内で摂食行動が認められたハムシの数個体が、一斉開花期の時に利用していた花とは別の樹種の新葉を食べていることがわかった。したがって、ハムシとサラノキ属樹種とは、多種の日和見的な結びつきであると予想される。そして、この日和見的な関係から、ランビルのフタバガキ林を支えるハムシと植物のおもしろい生物間のネットワークが見えてくる。一連の研究によって、一斉開花に同調するサラノキの繁殖を支えるのは不特定多数のハムシ成虫であり、非一斉開花期にじゅうぶんに個体数を維持しなければならないことがわかった。そして、その非一斉開花期にハムシの個体群を支えているのは、分類群の枠を超えた多数の樹種であると考えられる。すなわち、昆虫をとおして、この森の樹木は相互にかかわりあっているのだ。いい換えると、森林の減少や劣化にともなって多様な種類の樹木が生育できなくなれば、ハムシもじゅうぶんに個体群を維持できなくなり、森林全体の機能が崩壊することになるかもしれない。

夜の林冠

ランビルで、私は、どうしても夜間の調査を行いたかった。なぜなら、サラノキ属樹種が夜間に開花するので、花弁を餌とするハムシも夜のうちに集まるだろうと考えられたからだ。実際にハムシが餌を食べ

写真3・8　*Shorea ferruginea* の開花．19:00頃から一つひとつの花が開きはじめる．

写真3・9　*Shorea ferruginea* の花弁を食べるヒゲナガハムシのなかま.（撮影：野村有子）

ているのをこの目で観察したかった。また、ハムシが夜活動しているとなれば、午前中に採ったデータを使って分析した傾向が、夜間に見られる傾向と変わることがあるかもしれない。しかし、安全上の問題から夜間にアクセスできる樹木の数が限られてしまうので、午前中のデータを研究の基本としたい。午前中のデータの信頼性を主張するためにも、本数は限られても、夜間の調査をして傾向を分析する必要があると考えた。幸い、調査地のランビルは、危険な動物も少なく、規則上は外部の人間は簡単に出入りできないことになっているので、夜間のウォークウェイ上の調査を実施することができた。

夜の調査も、午前中の調査と同じように、林冠に登り、同じ数だけ捕虫網を振った。比較的安全といっても、夜間の森歩きは、午前中の調査以上に緊張感が高まる。一度だけ、ライトを一つしか携帯せず、そのライトが電池切れになるという大失敗をしたことがある。林冠の上で朝までじっとするか、すぐに林床に降りて引き返すか考えたあげく、慣れた道ということもあって点ほどの光源を頼りに帰った。それ以降、複数のライトを携帯して夜間調査に出かけている。

さて、夜間調査を続けた結果、結局午前中の調査で得られた傾向とは変わらないことを示すことができた。つまり、夜の調査でも私はゼロデータを集め続けた。じつは、午前中の調査による結果と変わってしまっては困るという気持ちとは裏腹に、もしかして、夜はフタバガキ林の林冠部でも昆虫が採れるのではないかという淡い期待を抱いていた。夜間の調査をはじめた頃は、午前中は林床でよくみかける大型のモリオオアリ(*Camponotus gigas*)が林冠部に上ってくる姿を発見しては感動していた。モリオオアリは、夕方になると、林冠部の半翅目昆虫の甘露を得るため、林床から林冠に登ることが知られていたので、いつかは自分の目で観察できたらと思っていたからだ。しかし、それ以外に心躍るような出会いはほとんどなかった。集まってくるのは、ヘッドライトに誘引されたヤミスズメバチや小さいガ類などで

写真3・10 *Shorea bullata*の花弁を食べるヒゲナガハムシのなかま.(撮影:中川弥智子)

あり、ヤミスズメバチにいたっては刺されると痛いので調査を中断せざるをえなくなり憎しみまで沸いてくる。そんな調子が続くと、こんな調査に意味があるのかと幾度となく挫折しそうになったものだ。こうした午前中の調査よりなおいっそうつらい夜間の調査で私をかろうじて支え続けたものは、ゼロでなくなる瞬間を味わいたいと思う気持ちだけだった。そしてついに二〇〇五年三月、その瞬間は訪れた。

二〇〇五年三〜五月の間にフタバガキ科樹種が同調して開花し、その間に私は運良く二回もランビルを訪れることができた。その時ばかりは高揚した。クロテイオウゼミが鳴く頃、いつものように、林冠木に登った。いつもと違うのは、その木が花序をつけていたことである(写真3・8)。一般に、サラノキ属の花は、写真3・8の上段の写真のように、ねじれた状態になっている。一九時頃になると、その一つひとつの花のねじれがゆるみはじめ、花が完全に開いていく(写真3・8)。その頃からしだいに、ハムシやその他の虫が花に集まってくる。ハムシが花弁をがむしゃらに食べる姿をじっと観察しながら、これまでの不毛な時間を取り戻した気がした(写真3・9,3・10)。実際には、ハムシが林冠部にいないことを示すゼロデータを取り続けることは不毛な時間ではない。植物フェノロジーも昆虫の動態もゼロがゼロでなくなる現象をデータで示すのが肝心なのである。そのことはじゅうぶんにわかってはいるが、虫が採れない時間はやはりつらかった。不安定な自然に翻弄されながら、地道に根気よく作業を続けなければ、一斉開花にまつわる現象は解明できない。

花はやわらかく、送粉者を誘引するために防衛物質の濃度も低いことが推測され、ハムシにとって高質の餌資源であると考えられる。一九九六年に採集された訪花性昆虫相との比較はまだ終わっていないが、二〇〇五年の観察結果においても、サラノキ属樹種はハムシやその他の小型の甲虫など複数の種類によって送粉されていると考えている。一斉開花期にこの光景を一度でも目撃したことで、私はフィールドワークがやめられなくなってしまった。

コラム　オオミツバチが残したもの

じつは、オオミツバチ襲撃の話には続きがある。私は刺された翌日から調査を再開し、五日後に迫る帰国日まで自分の体を気づかうことなく野外調査とサンプル処理を夜遅くまで行っていた。野外では露出部分をより少なくするために、暑いのにレインコートを着てハチ予防用の網を帽子の上からかぶるなどハチ対策を強化した。そして、何事もなく帰国日を迎えた。ようすがおかしくなったのは、関西空港行きの航空機のなかだった。ハチに刺されたすべての箇所が痒くてたまらなくなったのだ。よく自力で帰宅できたものだと思うほどの痒みだった。すぐに病院に行き、飲み薬と塗り薬が処方された。医者によると、アルコールや食べ物が原因だという。思い当たるのは、ハチに刺された後急性のアレルギー症状がでなかったことに安心して、食べ物にもアルコールにも気をつけていなかったことだ。その後数日は職場にも行けないほどに顔や手が腫れてしまった(写真3・11)。この時ほど自分の軽率な行動を反省したことはない。

さて、この一連の話にはもう一つおまけがある。ハチに刺された日からちょうど一ヵ月後に再びランビルに滞在した時の話である。クレーンを使って訪花性昆虫を採りに行った時のことだ。ゴンドラからオオミツ

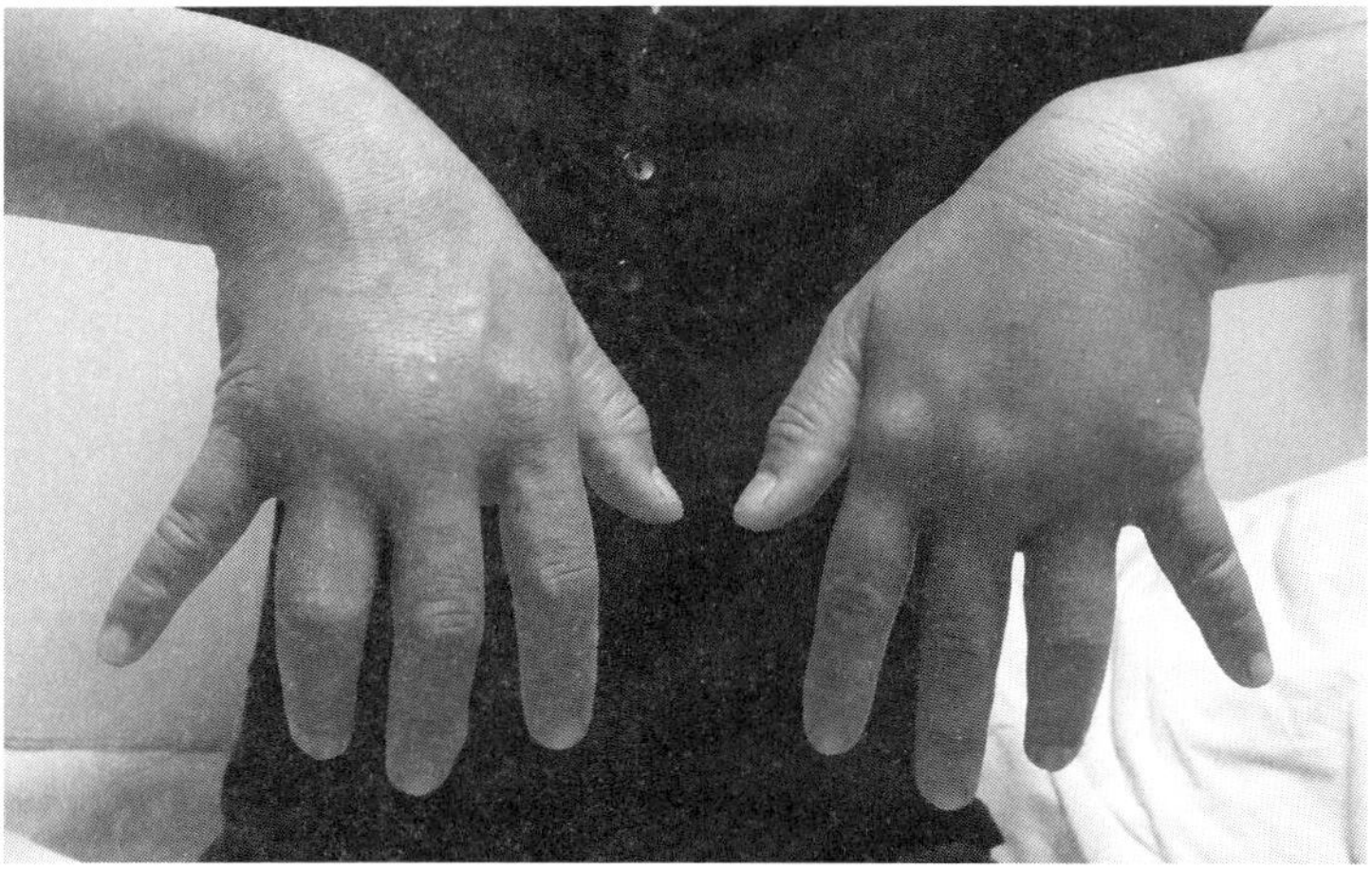

写真3・11　オオミツバチにさされて，6日後の筆者の手．腫れて膨張している．首から顔にかけても腫れ，もとに戻るのに1週間以上かかった．

写真3・12　オオミツバチが去ったあとの巣．ハチミツはすでになくなっており，なめても少しも甘くない．

バチの巣をみると、その前日まで巣板が働きバチで埋まって、写真3・3のように全体が黒っぽかったのに、なんとその日は働きバチの姿は一個体も確認できず、黄色い巣板が露出していたのだ(写真3・12)。確かに、前回の滞在に比べると、前々日、前日と巣板にいるハチの数が減ってすきまがあるのを気にしていたところだった。開花する樹木が減って、オオミツバチはまた新しい巣場所を見つけて巣をつくり、最終的に女王を連れてランビルの森から出て行ってしまったのだろう。巣がまだ小さい時から、まったくの空になるまでを自分の目で目撃できたことは、たとえ彼らが私を苦しめた相手であっても、フィールドで調査できる喜びを再認識するほどの感動だった。彼らが私に残してくれたものは大きすぎた(写真3・13)。

写真3・13　オオミツバチの巣をかかえる筆者．154センチメートルの筆者はすっぽりと隠れてしまうほどの大きさ．

第4章
昆虫の季節

中南米の研究 ―季節林―

第2章で紹介したウォルダ博士は、パナマのバロ・コロラド島を中心にライトトラップでの採集品のデータを解析している。バロ・コロラド島は、面積が一五〇〇ヘクタール、パナマから列車とボートを乗り継いで九〇分のところにある。年平均気温は二七度で、毎年二六〇〇ミリメートルの雨が降るが、雨量の九〇パーセントが五月から一二月までの雨期に集中している。すなわち、バロ・コロラド島の熱帯林は、乾期の明瞭な季節林である。

バロ・コロラド島は、一九一六年には研究者が訪れ、以降、熱帯研究を代表するフィールドステーションとなっている。ライトトラップによる昆虫の長期データは、一九七〇年代から集められてきた。そこでは、多くの昆虫の個体数変動に季節性がみられることが知られている。たとえば、Wolda(1988)は、ヨコバイ亜目四二六種を対象に一二年にわたる個体数変動を調査した結果、九二・五パーセントの種で特定の季節に個体数のピークが一つ以上みられることを示した。ウォルダ博士は、熱帯昆虫の季節性に関する総説のなかで、季節性(seasonality)と非季節性(aseasonality)を細かく分類している。彼の分類表を概念図(図4・1)で示した。すなわち、季節性というのは、特定の季節に個体数のピークが一つ以上みられる現象を指す(図4・1,1A－1C,2A－2C)。一方で、非季節性は、個体数のピークが弱い(図4・1,3・A)、または、規則的な間隔であっても暦上の季節に無関係に個体数のピークがみられるパターン(3B・3C)を指す。この分類にしたがうと、日本の昆虫の大多数が1Aまたは1Bに含まれるだろう。なぜなら、温度の季節性が明確な日本では、一般に、昆虫は休眠によって好適でない季節を乗り越えているからだ。一方、熱帯でみられる季節性にはさまざまなパターンがみられた。たとえば、先に取り上げたヨコバイ類では、割合は異なるものの、明瞭な季節性を示す1と2（図4・1）のすべての個体数変動パターンがみられた。

では、そうした個体数のピークはどの時期に集中するのだろうか。ここでも、日本の昆虫を想像してみよう。日本では、昆虫の活動は、温度のより高い春夏に集中するだろう。たとえば、神奈川県厚木市内の六・五平方キロメートル区画に生息するハムシ科一六五種の出現パターンを調べた研究によると

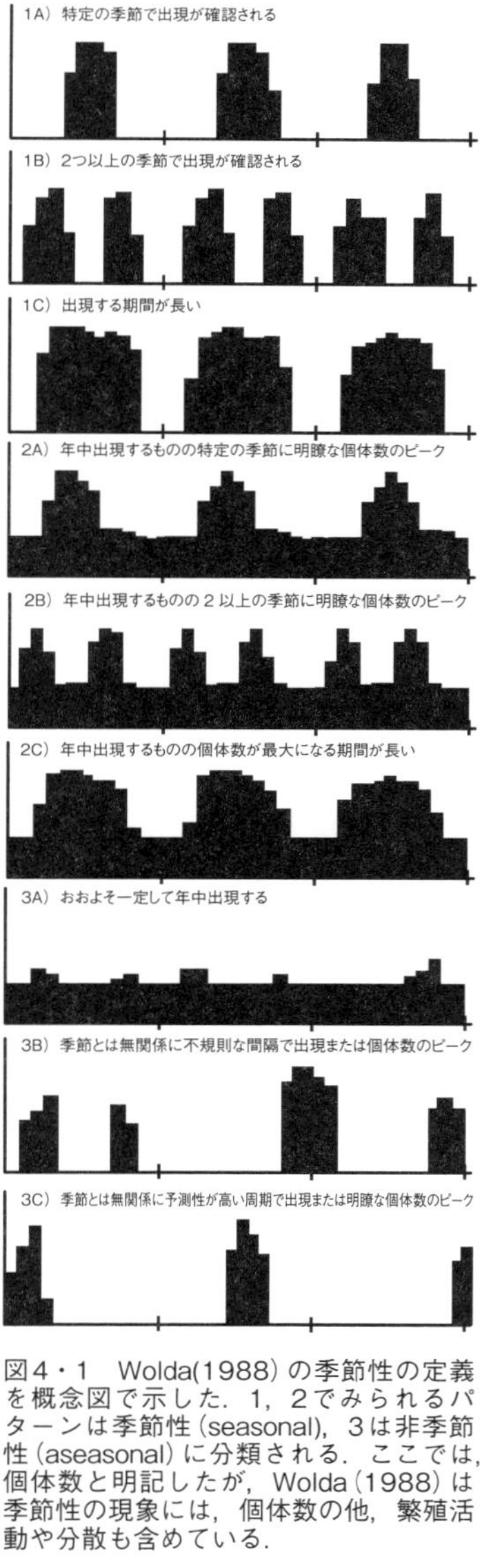

図4・1　Wolda(1988) の季節性の定義を概念図で示した．1，2でみられるパターンは季節性（seasonal)，3は非季節性（aseasonal）に分類される．ここでは，個体数と明記したが，Wolda（1988）は季節性の現象には，個体数の他，繁殖活動や分散も含めている．

(Takizawa, 1994)、多くの種が、三月上旬頃休眠から覚め、五月には活動のピークを迎えることがわかっている。梅雨の影響を受けて六月は採れにくいこともあるが、約八〇種が六～八月まで継続的に出現する。そして、一〇～一一月には急激に種数は減少し、地上で休眠する一部の種をのぞいて、一二月になるとまったく採れなくなる。

一方、年中温度が高い熱帯林では、種によってピークがみられる時期はさまざまであることがわかってきている。たとえば、いくつかの植食性昆虫では、雨期のはじめに個体数のピークがみられる一方で、乾期にピークがみられる種も存在した(Wolda, 1978b)。つまり、熱帯の昆虫も温帯と同じように季節性があるのだといっても、温帯の傾向とは違って、熱帯の昆虫の個体数変動パターンのバリエーションは豊富であるといえそうだ。

また、バロ・コロラド島では乾期に入ると落葉量が増え、雨期のはじまりに多くの樹木が一斉に新葉を展開する傾向を考えると、新葉を好む植食性昆虫の活動も雨期に集中すると予想される。しかし、実際には、さきに述べたとおり、乾期に個体数のピークがみられるような種もいるのだから、単純に雨量の変動パターンや植物のフェノロジーが植食性昆虫の個体数変動を決めているわけではなさそうだ。植食性昆虫を捕食する捕食者や寄生する寄生者の存在も関わり合い、植食性昆虫の変動を左右する要因を特定するにはさらに細かい調査が必要となるだろう。

中南米の研究 ―季節性が弱い森―

ウォルダ博士は、雨量の季節変化が明瞭なバロ・コロラド島の季節林の他に、パナマ各地で灯火に集まる虫を採集している。その中には、季節林でみられる昆虫の傾向と比較しようと、乾期と雨期の差がバロ・コロラド島に比べて不明瞭な、フォルツナ高地などの非季節林が含まれている。興味深いことに、その非季節林では、一年中出現するパターン（図4・1、2に相当する）をもつ種の割合は、季節林よりも高かったのである（Wolda & Broadhead, 1985）。しかしながら、顕著な季節性を示す（図4・1，1A，1B）種の割合は両者で差がなく、比較的雨量の季節性が弱い非季節林でも多くの昆虫の個体数変動に季節性が認められた。

これまで、新熱帯域では、図4・1の3C以外のパターン（1A～3B）はすべて確認されており（Wolda, 1988）、変動パターンのバリエーションの豊富さに驚かされる。そして、それぞれのパターンを示す種の割合は調査地間で少しずつ異なるものの、非季節林を含めどの森林でも、多くの昆虫が個体数の季節性を示すことが明らかにされたのだ。こうしたウォルダ博士らの一連の研究によって、温帯より気候の変動が弱い熱帯においても、昆虫の数の変動は季節性を示すのだということばかりが強調されてしまった。しかし、新熱帯域とは異なる環境条件を示す他の熱帯地域では、昆虫の数の変動に季節性がみられるのかどうかについてはほとんど調べられてこなかった。

東南アジア熱帯の昆虫の季節性と非季節性

雨期と乾期の境界が明瞭でないランビルでは、これまで強調されてきたような熱帯昆虫の個体数の季節性はみられるのか？　答えはＹＥＳである。加藤 真博士（京都大学）は、ランビルでライトトラップによって集められた八種のコガネムシ科甲虫を対象に個体数変動パターンを明らかにした（Kato et al., 2000）。その結果、コフキコガネ族三種が三～四月にのみ出現する顕著な季節性を示すことがわかったのだ（図４・１、１Ａに相当する）。季節性の最も弱い東南アジア熱帯の島嶼部で、季節性をもつ昆虫がいることをはじめて明らかにした大変興味深い例である。

しかし、この顕著な季節性が検出されたのは、八種のうちこのコフキコガネ族三種のみで、その他の種の個体数は季節とは無関係に増えたり減ったりしていた。ランビルに近いブルネイでは、チョウ類の季節性が調べられている（Orr & Haeuser, 1996）。彼らは、毎月チョウを採集し、全部で三二四種の時間変化を追跡した結果、ほとんどの種が不規則に出現し、特定の時期に出現するような季節性は多くの種で示さないことを明らかにした。

ボルネオ島以外でも例をとりあげよう。インドネシアのスマトラ島では、雨期と乾期の境界が不明瞭な地域がある。そこでは、中村浩二博士（金沢大学）を中心とするグループが、数種の昆虫の個体群動態を明らかにしている。[*1] 彼らの研究の特筆すべき点は、対象種は限られているものの、個体追跡をして各齢期の個体群動態と、寄主植物のフェノロジーや捕食者との関係を詳しく追及していることである。昆虫の個体数の時間変化を明らかにするのに、ライトトラップを使った研究が多く（第2章参照）、私もそのライトトラップで採れた昆虫標本を使ってきた。しかし、ライトトラップなどトラップを使った間接的な手法では、個体数の変動パターンは検出できても、その変動要因の分析はできないという短所がある。つまり、中村博士らの研究では、より直接的な方法で数の変動を調べ、要因も明らかにしようとしたわけだ。こうして詳しい動態が調べられた結果、植食性のニジュウヤホシテントウ類（コウチュウ目）や、果実食や捕食性のホシカメムシ類（カメムシ目）で、明瞭な季節的な個体数変動はみられないことが示唆されている。興味深いのは、前者のニュジュウヤホシテントウで、季節とは無関係な周期性をもつ種が明らかにされていることである。

以上のことから、私は、東南アジアの非季節性熱帯林では、季節性を示す昆虫は小数派で、多くが不規則な個体数変動を示すのではないかと予想した。

＊（1）二〇〇一年『Tropics』10巻3号で特集が組まれている。

ハムシの非季節的個体数変動パターン

その予想を検証するため、ライトトラップで集めたハムシ科を利用した。ランビルでライトトラップ

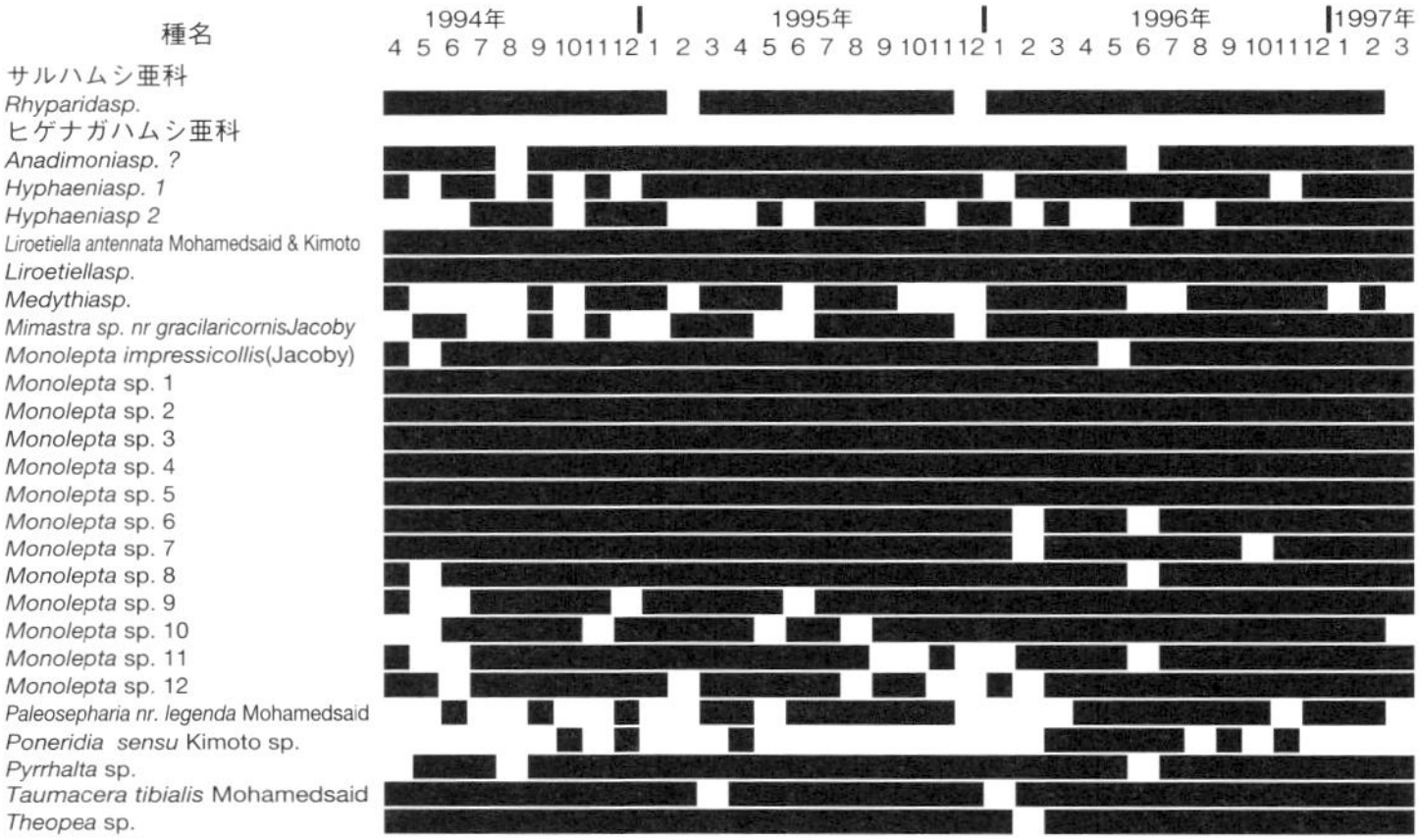

図4・2　ライトトラップで採集したハムシ科26種の出現パターン．■は1個体以上出現した月を，□は1個体も出現しなかった月を表す.Kishimoto-Yamada et al.（印刷中）を改変．

が設置された期間（一九九三〜一九九九年）には、生物の動態に強い影響を与えると考えられる大規模な旱魃期間が含まれる。旱魃がハムシの個体数・群集の動態にも影響を与えると予測されたので（第5章参照）、その影響を排除するため、旱魃発生前後のデータを除いた残り三年分のデータを使って季節性の分析を行った。前章で述べたとおり、長期であればあるほど信頼性は高まるので可能な限り長期のデータを扱いたかったが、三年分のデータは、年次間の繰り返しが確認でき、統計的な解析ができる最低水準なので、季節性を分析するのに妥当なデータ量と考えた。

ライトトラップで集めたハムシ科のなかで、個体数が多かった二六種のみを対象に、詳しく出現時期をみてみると、年中出現している種が多かった（図4・2）。この時点で、個体数変動に季節性があったとしても、ハムシでは概念図4・1の1にあてはまる種は少ないことがはっきりした。また、一種一種の出現しない月だけをみると、出現パターンは種間で同調する傾向はなさそうだ(図4・2)。ここまでいくつかの先行研究を例に、熱帯の昆虫の個体数変動は種間でパターンが異なることを繰り返し述べてきたが、ランビルのハムシでもそれらの例からはずれることなく、個体数変動は種間で同調しないのではないかということが見込まれた。

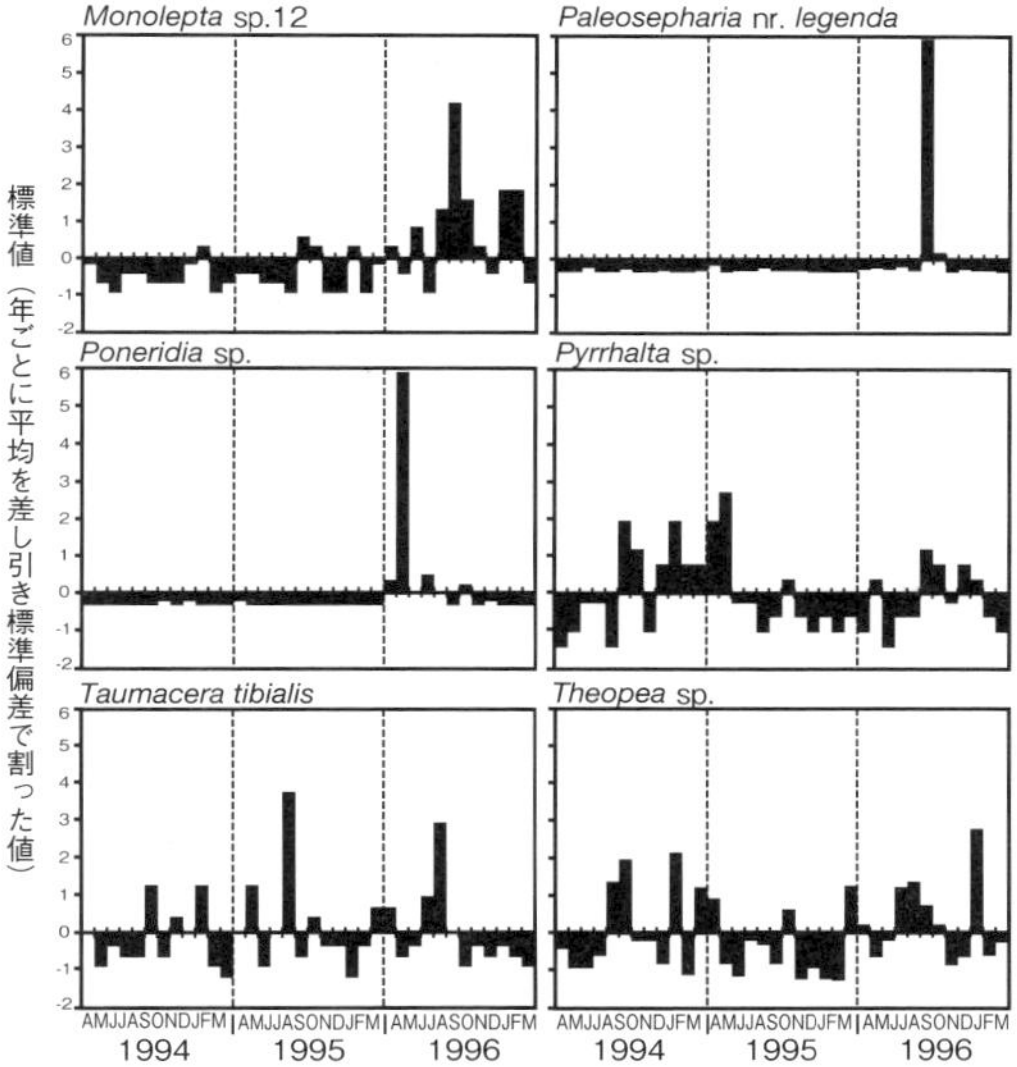

図4・3　ハムシ科6種の非季節的な個体数変動パターン.

そこで、これらの個体数の変動を分析した(図4・3)。図4・3では、二六種を代表して六種の個体数変動パターンを提示した。このパターンと、ウォルダ博士の分類表をもとに作成した図4・1とを比べてみてほしい。個体数のピークは、年内の特定の季節に集中していないことが一目瞭然だろう。統計的にも、ほとんどの種の個体数の増加や減少は同じ月や前後の月にも見られないことが示された。いくつかの統計的な解析や季節性の程度を測る指数を使って季節性の程度を検討すると、二六種のうち六五パーセントの種で顕著な季節性は示さないことが示唆された。残りの種においては、統計的には特定の時期に毎年個体数のピークがみられたが、図4・1の1A～1Cのような顕著な季節性はみられなかった。これらの結果から、当初予測していた通り、ハムシの大多数の個体数変動には強い季節性はみられないと考察された（Kishimoto-Yamada et al., 印刷中）。つまり、多数のハムシでみられる個体数変動の傾向は、これまでおもに新熱帯で実証されてきたさまざまな昆虫種の個体数変動の傾向とは異なることがわかったのだ。

これまで、熱帯昆虫の個体数変動の季節性について、ウォルダ博士の一連の研究以外に一年以上の野外の実証データをもちいて検証した研究はほとんどなかった。そのため、ここで紹介したような大まかなパターンを知ることで興味深い現象を検出できれば、次はより直接的な方法を使って、その現象の要因について掘り下げるべき対象種を絞り込むこともできるだろう。

昆虫の季節性　―今後の展開―

さて、すでに繰り返し述べているように、この研究の焦点は、ウォルダ博士が提起してきた昆虫の個体数の季節性の問題を東南アジアで検証することだった。休眠や繁殖などの生活史の季節性には注目していない。熱帯でも休眠の事例は知られている。*2 たとえば、東南アジア熱帯雨林のハムシ科の個体数の季節性は弱いが、活動に不適な時期、大規模な旱魃などが起こると、それを回避するため卵や幼虫のステージでの休眠が起こるかもしれない。しかし、これを調べるのは一筋縄ではいかないだろう。

これまでに、周期的乾期のないスマトラに生息する、幼虫も成虫も葉を食べるカメノコハムシ類の数種において生活環が明らかにされている(Nakamura et al., 1989)。これは、東南アジアに生息するハムシ科では唯一の生活環の記録といってもよい。実験室内での飼育によって、卵から羽化までにかかる日数が三〇~四〇日程度で、成虫の平均寿命は、短いもので、ある一種の雄で示された六三・八日、長くて別の種の雄の八八・四日ということがわかっており、野外ではより短い可能性が予想されている。私が対象とした種のなかには、カメノコハムシ科は含まれていないので、この研究で解明されている生活史とまったく同じだとは考えにくいが、温帯のハムシ科でみられる一般的な生活史特性に比べて成長期間や寿命が短いと推測している。ライトトラップなどトラップを使った個体数変動パターンの調査は、種によってトラップによる採集効率が異なることや、多数の種の生活史や各ステージの餌資源の情報が得られないので、変動の要因を分析することはできない。生活史がわかると、私たちが示した個体数変動パターンもより深い考察が可能になると思われる。

また、パプアニューギニアの熱帯林において、成虫が林冠部で採餌するハムシ科の九〇パーセント以上の種の幼虫は、根食いであることが明らかにされており(Pokon et al., 2005)、ランビルのハムシにおいても、幼虫は地中にいる可能性が高い。したがって、幼虫が休眠していたとしても、地中の幼虫世代の生態を解明するのはきわめて難しい。また、好適な餌資源の出現が限られていれば、繁殖時期も時間的に限定される可能性があるかもしれない。たとえば、ゴミムシ科の数種で、成虫は年中出現するが、繁殖時期は限られていることが知られている。おもしろいことに、それらは好適な餌がない時は、普段から頻繁に出現するイチジクの果実を代替的に餌としているのだ(Paarmann et al., 2001など)。今後は、メス成虫の卵巣成熟などを調べて産卵時期の季節性や休眠について調べると、熱帯の昆虫の季節性についてさらに理解が進むと考えられる。

私がこのデータを分析している過程でおもしろい傾向が見出されている。これまでに、ライトトラップで採れた標本には、羽化直後と推定される個体が含まれていることがわかったのだ。ハムシ科の分類の専門家のリード博士にみていただいたところ、私の標本には、生殖器の硬化の程度が弱い個体が混じっており、それらは羽化直後の個体だと考えられるそうだ。その情報をもとに、いろいろな時期に行ったライトトラップで採れた標本と林冠部で集めた標本約六〇個体の生殖器の解剖を試みたところ、生殖器が完全に硬化していない個体が半数以上を占めていた(岸本、未発表)。これらを羽化直後の個体と仮定し、羽化直後の個体が毎月の採集品のある程度を占めるならば、年中羽化していることを示すことができるだろう。つまり、ハムシが特定の月にしか出現しない顕著な季節性をもたないことを、より直接的に示すことができるのではないかと考えられる。今後は、こうした分析結果を加えると同時に、分類群を広げて、個体数変動の傾向を調べていこうと考えている。

＊(2)日本語の書物では、矢野宏二・矢田 脩編『熱帯昆虫学』九州大学出版会の第3章「熱帯昆虫の生活史」に詳しい。

規則正しいクロテイオウゼミ

ボルネオにはクロテイオウゼミ *Megapomponia merula*（カメムシ目・セミ科）という名の世界最大級のセミがいる。サイレンのような独特の鳴き方は、他のどのセミの鳴き声よりもインパクトが大きい。はじめてランビルに行った時、哺乳動物の声かと思い、セミの声と聞いて驚いた。その時の感動は、毎日聞き続けていても褪《あ》せることはない。つまり、テイオウゼミは、一年を通じて、その鳴き声をわれわれに聞かせてくれる。セミの鳴き声とともに暑い夏の到来を感じる日本とは大違いである。

興味深いのは、クロテイオウゼミは毎日ほぼ決まった時刻、一八：三〇頃になると一斉に鳴きはじめるのだ。最近になって気づいたのだが、三〇分程度ではあるが、鳴きだす時間は時期によって少しずれるようだ。いずれの時期も鳴きはじめて一五分後には、辺りはたちまち暗闇に包まれるため、夕方まで調査が長引いた時は、それが合図となって、帰り道を急ぐことになる。反対に、夜間調査の際は、それを合図として、活動を開始することにしている。かつては、長期滞在が多く、毎日変化のない日々をすごしていると、日本の四季を懐かしく思うこともしばしばであった。しかし、実際には日々同じ時間をすごすことはほとんどなかったように今では感じている。たとえば、森の中を歩いていると、前日には感じなかった匂いに気づいたり、落下した果実をみつけたり、その果実に集まる昆虫を採集したり、普段はみることができない珍しい哺乳類や鳥に出会えたりする。タミジハウスの灯りに集まる昆虫相も毎日異なる。今日は羽アリが多い日だと思えば、翌日はシロアリが多く、その翌々日は虫がほとんどいないこともある。それらの死骸を食べにくるアリ相も、限られた種ではあるものの、顔ぶれは頻繁に変わる（写真４・１）。一方で、いつ訪れても同じ場所に

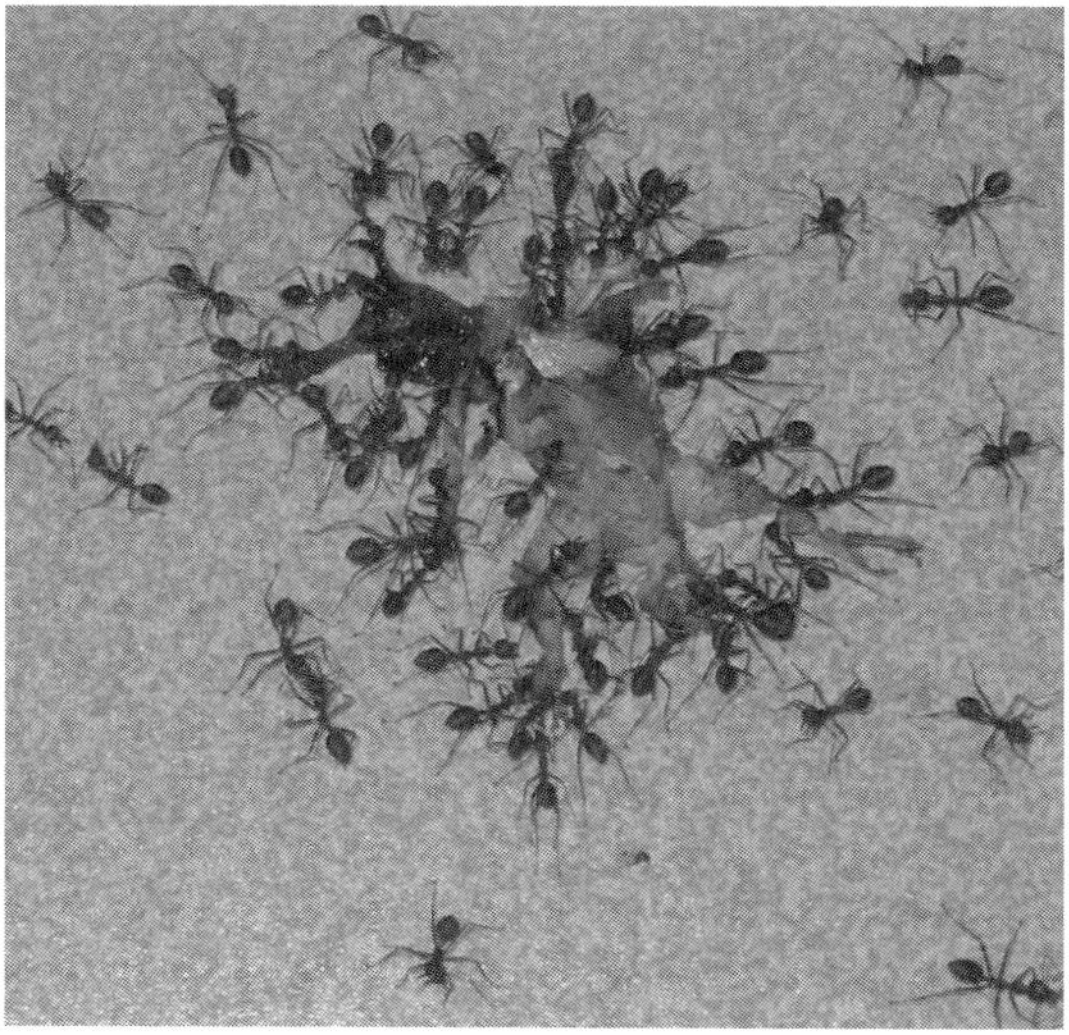

写真4・1　タミジハウスで繰り広げられる捕食風景．アリ相は日々変わる．この日は，ツムギアリだった．

いるものもいる。樹上に巣をつくる数種のアリや、同じ樹木で決まって採れるハムシやゾウムシなどだ。そうした変わらないもののなかで、クロテイオウゼミの鳴き声は、このフィールドで調査を続けているのだという安心感を私に与え続けてくれる。

マレーシア・ミリ空港から舗装された一本道を車で三〇~四〇分走るとランビルの公園に到着する。私が、二〇〇二年にはじめてランビルに訪れてから今日までの間に、その道路の周りの景色は大きく変化した。森林を開墾して作られたオイルパームプランテーションが年々増えているのだ。公園をすぎて、サラワク州で四番目に人口が多いビンツルという都市に向かう道沿いは、すでにオイルパームだらけである。さらに、ランビルの周辺は土地開発も進み、現在は巨大な墓地公園が建設中である(写真4・2)。ランビルに残された原生林はますます孤立化している。今日では、原生林の孤立化や断片化が与える生物相への影響の評価をめざした研究が増えており、いろいろな地域で、それらが生物相に与える負の影響が報告されている。採餌活動の範囲が広い生き物は活動できなくなり、局所的な絶滅に

写真4・2　ランビルの8ヘクタール調査区内にあるタワーからみた風景．国立公園に隣接した場所で，二次林を伐り拓き巨大墓地の建設が始まった．

いたることも予想される。大型のクロテイオウゼミはどうなるだろうか？変わらない鳴き声を、このさきもずっと私たちに聞かせ続けてくれるのだろうか。

第5章

旱魃の影響

エルニーニョに連動した旱魃が昆虫にあたえる影響

これまでは、季節を一二ヵ月周期と固定して、ハムシの個体数変動の季節性が弱いことを示してきた。ここでは、年次を超えて不規則に発生するエルニーニョに連動した旱魃が昆虫にどのような影響を与えるのかについて紹介する。

近年、エルニーニョの発生の頻度と強度が高まっているといわれており、一九八二〜八三年と一九九七〜九八年のエルニーニョ発生の年には、世界各地が異常気象に見舞われた。インドネシアやオーストラリアでは近年まれにみる大規模な旱魃が起こった一方で、中央太平洋では大雨が多くなり、降水量が増大した。後者では、エルニーニョの年には、平均的な年の四〜一〇倍の量の雨が降ったことがわかっている。ボルネオ島のランビルでも、一九九八年一月から三月の間に厳しい旱魃の発生が観測された(図5・1)。その時の累積降雨量は、例年みられる同じ時期の降雨量のわずか二四パーセント程度だったことが明らかにされた(Nakagawa et al., 2000)。今後、温室効果ガスの排出が増加し続ければ、エルニーニョの発生頻度と規模がさらに高くなることも予想されており(Timmermann et al., 1999)、エルニーニョに連動した異常気象が陸上生態系に与える負の影響が世界的に懸念されている現状がある。

熱帯雨林は常に湿度が高く、厳しい旱魃が発生した時のみ火災の被害が生じる(Harrison, 2005)。一九八二〜八三年と一九九七〜九八年のエルニーニョの年には、これまで以上に大規模な森林火災が各地で目撃された。火事の被害状況を調べた研究によると、原生林や伐採後長い年数が経過した二次林より

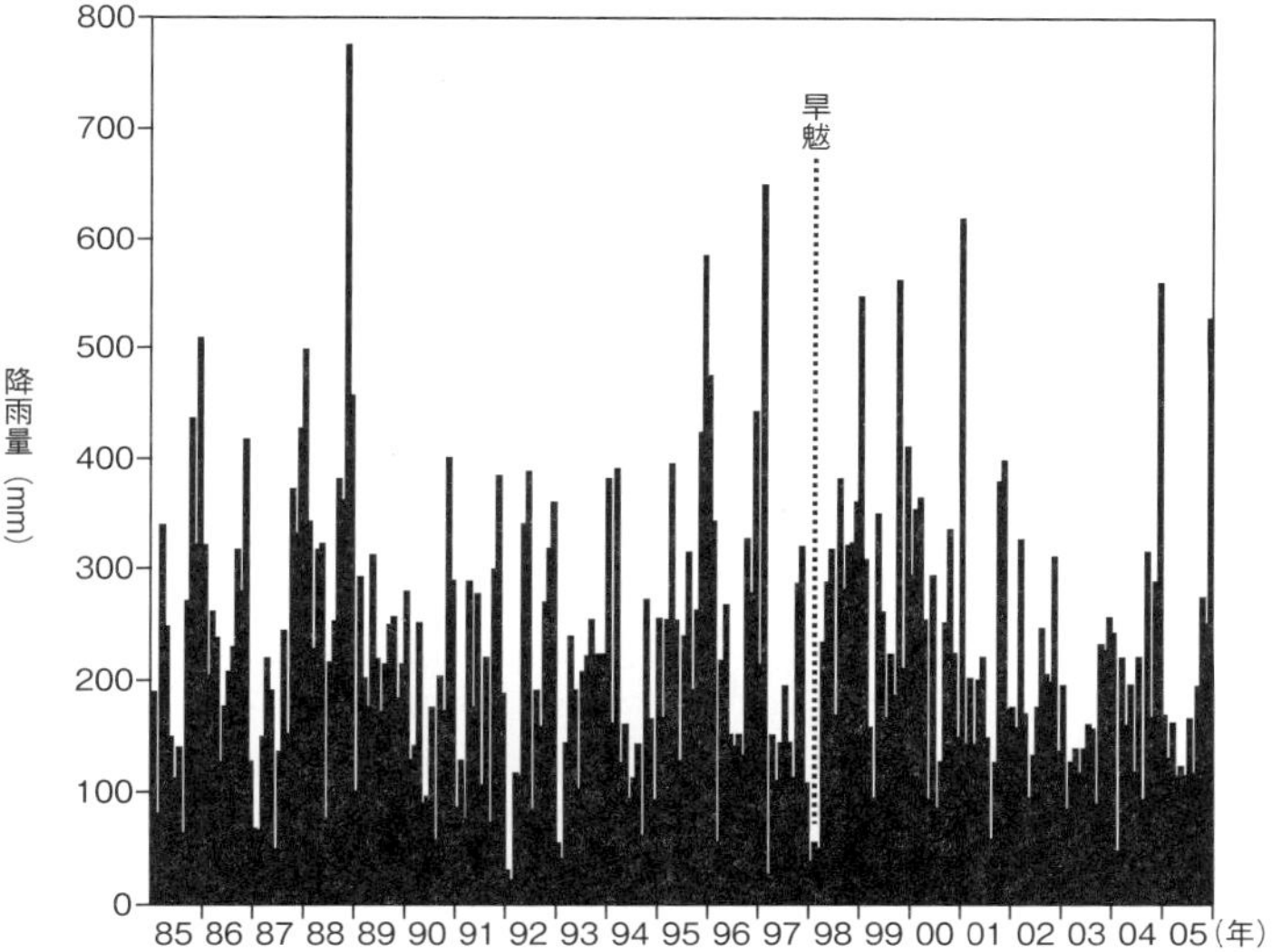

図5・1　1985～2005年までの月降雨量の変化．旱魃のときは，降雨量60ミリメートル以下が3ヵ月も続いた．出典：Malaysian Meteorological Service, Department of Irrigation and Drainage, Malaysia.

も、最近になって木が伐られ再生した二次林で被害の規模が大きいことがわかっており、人間活動の関与が事態を一層深刻化させている。ボルネオ島のインドネシア領土では、一九九八年の大規模な火災が生じた後、チョウ類の群集構造が著しく変わったことが知られている（Cleary et al., 2004など一連の研究）。たとえば、火災の後、個体数の多い優占種の割合が著しく高くなるといった現象がみられた。その要因として、優占種の天敵や捕食者が減ったことや、火事が発生した森林でも生き残った植物を優占種が餌として利用できたことなどが考察されている。また、さまざまな種類の植物を利用できるジェネラリストのチョウ類がもっとも速く再定着したことが明らかにされている。こうした一連の研究結果から、特定の寄主植物しか利用できないスペシャリストのチョウは、餌植物が一旦消失してしまうと生き残れなくなる一方で、ジェネラリストは寄主植物の選択肢が広いため、いずれかの寄主植物があれば他より早く個体数を増やすことができると考えられる。興味深いことに、ジェネラリストが優占した翌年には、スペシャリストのチョウ類の割合が増え、火災前の群集構造に戻ったことが示された。しかしながら、森の中心部などの限られた生息場所をもつ希少種やボルネオ固有種の多くが目撃されなくなってしまった事実は、深刻に受け止めなければならない。

さらに、旱魃は、高木の死亡率を高め、植物のフェノロジーも変化させる。ランビルでは、プロット内の胸高直径一〇センチメートル以上のすべての樹木の枯死率が調べられ、通常の年は全体の〇・八九パーセントしか枯死しないのに対して、旱魃が発生した年は全体の六・三七パーセントが死亡することがわかった（Nakagawa et al., 2000）。また、旱魃の影響を受けて、樹木のフェノロジーも著しく変化した。たとえば、フタバガキ科は普段一斉に落葉することはないが、旱魃の時は、多くの高木樹木が葉を落とした。その後、大雨が降って旱魃が終わると、樹木は一斉に新葉を展開させた（Harrison, 2005）。こうした植物フェノロジーの劇的な変化は、それを利用する昆虫個体群に影響をもたらした。たとえば、クワ科のイチジクのなかまは、送粉者であるイチジクコバチ個体群を維持させるために、ほとんどいつも花嚢《かのう》[*1]をつけているが、一九九八年の旱魃で樹木が葉を落とし、新しい花嚢が観察されなくなった。その後、花嚢はみられるようになったものの、その樹種に特異的なイチジクコバチが局所的に絶滅したため、花嚢は受粉されなくなったことが示唆された（Harrison, 2000）。一方、高木樹木の新葉を食べるガ類の成虫量と幼虫量が旱魃後急激に増加した（Itioka & Yamauti, 2004）。私は、これまで三年間にわたって林冠部で植食者の採集を行い、痛感しているのは、第3章で述べたとおり、フタバガキ林の林冠部の昆虫の少なさである。たとえば、葉を食べる植食性昆虫は一樹木あたり平均〇・一二五個体しか採れない(Itioka & Yamauti, 2004)。鱗翅目の幼虫は、一九九八年の旱魃が起こる前は一〇〇本の樹木をみて、約六個体しか目撃できないといった恐ろしく低い値を示しているが、旱魃が終わって二ヵ月の間に通常の三八倍も多く幼虫をみることができたという(Itioka & Yamauti, 2004)。私は旱魃後の樹木の一斉展葉を実際に経験していないので、このような多くの幼虫を林冠部でみたことがない。日本で、新緑の頃、林の中を歩いていると、気をつけていなくてもそこかしこで鱗翅目の幼虫が葉を食べているのに気づく。そんな経験をしたことはないだろうか。洋服に幼虫がくっついたまましばらく歩いていたなんてことも少なくない。旱魃のあとの林冠は、このような風景が繰り広げられていたらしい。ウォークウェイを歩いているだけで、鱗翅目の幼虫が葉を食べている音がところどころで聞こえたというのだ。こうした当時の話を聞くたびに、一度は採れる幼虫が多すぎて飼育が追いつかないといううれしい悲鳴をあげてみたいと思わずにいられない。強い旱魃の後の鱗翅目幼虫の大発生は中央パナマ、インドネシア、熱帯オーストラリアなどでも知られている。かつて、Elton (1958) は熱帯では昆虫の大発生はないと予想したが、このような不規則に発生する劇的な環境変動が生じると、多様性が高い熱帯においても昆虫の大発生が起こり、時には構成種が変化することがわかってきた。

＊（1）イチジク属は、実のように見える花嚢と呼ばれる球形の花序をつける。花嚢の内面に花がつくので、花は露出していない。その花嚢の中にもぐりこみ、花にたどり着くことができるのが、イチジクコバチ類なのだ。

種の共存のメカニズム

私の研究では、群集生態学的な観点から、エルニーニョに連動した旱魃が昆虫群集に与える影響について着目した。熱帯で生物の研究をしていると、その多様性の高さに圧倒される。たとえば、ランビルの五二ヘクタールもの広さの大面積調査区では、これまで、胸高直径一センチメートル以上の樹木九〇科一一九二種が記録されている（Lee et al., 2002）。この数字は温帯の約一五倍に値するという。昆虫では、ランビルとその周辺（約一五×二〇キロメートル内）でチョウ（セセリチョウ上科とアゲハチョウ上科）の採集がされ、これまでに三四七種が報告されている（Itioka et al., 2009）。日本全土で定着しているチョウ類（セセリチョウ上科とアゲハチョウ上科）は二四七種程度（日本分類学会連合ホームページ http://www.soc.nii.ac.jp/ujssb/）であることを考えれば、種類の多さが想像できると思う。熱帯で研究をしていると、「熱帯で多くの種が共存しているのはなぜか」などといった疑問を多くの人が抱くだろう。

種が共存するメカニズムの解釈には、対立した二つの議論がある。一つは、同じような資源を共有する種間で競争が起こり、その結果餌や生息場所などの資源が分割されることで種が共存できるとする考え方である。したがって、群集を構成する種同士が資源を細かく分け合えあうことで多数の種の共存が可能となる。もう一方は、捕食や攪乱によって、どの種も資源を独占できず、結果として競争排除(同じ資源を共有する種間は共存できないこと)が避けられ多数の種が共存できると考える。熱帯の昆虫群集でこうした理論の妥当性を検討した研究はこれまでほとんどなかった。

東南アジア島嶼部は、温度や雨量の季節性がなく、気象の変動が比較的安定しているものの、エルニーニョに連動した旱魃が年次を超えた不規則な間隔で発生する。この旱魃が攪乱としてそこに生息する昆虫の群集構造に影響をもたらす、つまり、旱魃が関係して、昆虫群集はダイナミックに変動するだろうと、私は予想した。そして、この予想を実証できれば、後者の理論を支持する一つの材料になるのではと考えた。

旱魃中の調査活動

旱魃がハムシ群集にどのような影響をもたらすのかを調べるために、私は、これまでと同じくライトトラップの採集品を使うことにした。ランビルでは、一九九八年一〜三月の間に厳しい旱魃の発生が観測されていた(図5・1)。つまり、ライトトラップでえられた標本を使えば、旱魃前後の種構成の変化や個々の個体数の変化が明らかにでき、旱魃がハムシ群集に与える影響を評価することができると考えたのである。しかし、思い通りにはいかないもので、旱魃が起こる少し前にライトトラップは中止になっていた。つまり、一九九八年一〜三月の旱魃発生中とそれより数ヵ月前の期間の全部で七ヵ月間のデータの欠損が生じていたのだ。

調査の中止は旱魃とは関係がなかったが、たとえ継続していても、旱魃中は物理的にライトトラップの設置ができなかったかもしれない。当時、調査地にいた人たちによれば、大規模な火災が起こったインドネシア側から流れてくる煙で視界は悪く、喘息の症状に陥った人も少なくなかったそうだ。この時は、飛行機もなかなか離陸できず、ランビルに滞在していた人たちは、調査を遂行することもできず、帰国することもできなかったという。フィールド研究には、予期せぬ出来事が時として起こり、自分の力ではどうにもならないこともある。長期であればあるほど、欠損が一つもないデータを得ることは難しい。データの欠損が致命的になることもあるし、統計的に処理できることもある。私の場合は、一旦中止したライトトラップが七ヵ月後には再開されたことで、かろうじて、旱魃の発生前後の群集動態の変化を分析することができた。

この旱魃の時は、火災の被害も報告されている。ランビルでも、大きな道路と接している森の端で火事が発生した（Harrison, 2005）。私は、これまで焼畑のため火入れした付近に居合わせたことが何度かある（写真5・1、5・2）。実際に、焼いている現場の近くにいくと、メキメキと木が燃える音が迫ってきて恐ろしい。道端に止めた車が灰まみれになったこともあった。こんな時は虫が採れないこともあって、気分が優れないものだ。幸い、一九九八年のランビルの火事は、森の中心地まで及ぶような大きな被害はなかった。ただ、その五年後、私がランビルにはじめて訪れた時は、その辺りは草原のままで大きな木はなくその辺りの景色は火事が起こる前と比べるとガラリと変わってしまったそうだ。

写真5・1　焼畑跡地．この後，親せきや近所の人などが大勢集まって陸稲の種まきが行われる．

写真5・2　焼畑シーズンはあちらこちらで煙があがっているのを目撃する（撮影：小泉都）．

今では、その周辺のようすは少しずつ変わってきた。以前は、開けた土地によくいるツムギアリ *Oecophylla smaragdina* がその辺りの優占種という印象があったが、最近では、森の中心部に生息するモリオオアリ *Camponotus gigas* の目撃頻度が高くなってきたように感じる（市岡、未発表）。こうして群集が絶えず変動していることを、目で見て、肌で感じることができるのもフィールド研究の醍醐味であり、新たな調査研究へのアイデアがうまれることも楽しみの一つである。

コラム　虫が採れない

二〇〇九年八月、私はランビルからおよそ二〇〇キロメートル離れたバラム川流域で調査を行った。そこでは、景観レベルの土地利用状況がコウチュウ目の糞虫（糞虫は、哺乳動物の糞を資源とし、分解や二次的な種子散布などの生態系サービスに重要な役割を果たすことが知られている・写真５・４）の多様性に与える影響を調べるため、衝突板トラップや腐肉入りピットフォールトラップ（いわゆる落とし穴トラップで地中に埋めたカップに虫が落ちる仕組み）を使って調査していた。調査を開始してからしばらくすると一週間以上一滴も雨が降らなくなり、川の水量も日に日に下がっていった。乾燥していてよく燃えるので、村の人は連日焼畑を行ってあちらこちらで煙が立っていた。いつもならばきれいに見える遠くの山も、この時はヘイズ（焼畑や山火事などの煙によって大気が汚染されること）のため、見えなくなった。

じつはこの時ほとんど糞虫が採れなくて悲しい思いをした。乾燥がはじまる前と後では順調に糞虫が採れ

写真5・3　エンマコガネの仲間を中心とした糞虫類．トラップで集めた虫は，回収したその日のうちに，このような脱脂綿の上に並べて乾かす．

ていたので、乾燥のストレスで活動が低下したのではと推測される。他にも、森で頻繁にみかけていた大型のモリオオアリをみつけるのが難しくなるなど、他の昆虫にも影響が出はじめていた。もしもこの調査がランビルだったら、この時の乾燥が、昆虫にどのような影響を与えるのだろうか、分類群や種間で影響は違うかなど興味深い現象に違いないのだが、この時は三週間の滞在なうえに、将来同じ場所で調査ができるか見通しがたっていなかった。そのため、調査方針を変えたほうがいいのかとか、乾燥の影響も考慮したデータ分析を行えばよいかなど、現場では毎日共同研究者たちと話し合いながら調査を進めていた。短期的や単発的な調査では、その場その場の判断が大事になってくることがあるので、フィールドワークでは柔軟な対応を養いたい。

群集構成種の変化

データの欠損はあったものの、一九九三年から一九九九年まで、ライトトラップで採れたハムシ科全体の種数の時間変化を分析すると、旱魃が発生した直後の三ヵ月の間だけ、他の時期の種数レベルに比べて、劇的に減少しているのがわかった。しかしながら、急激に減少した種数が四ヵ月目以降は、旱魃前の水準に戻っていることが明らかになった（図5・2）。同時に、旱魃が発生しなかった通常の期間でも種がいなくなることはあるが、それに比べて、旱魃が発生する前と後では圧倒的に多くの種がいなくなることがわかってきた（Kishimoto-Yamada & Itioka, 2008b）。これらの結果から、旱魃が発生すると、通常より多くの種が消失するものの、雨量が戻って三ヵ月後には、種数も個体数も元の水準に回復していることが考察された。

では、先行研究で紹介したチョウ類の群集のように、群集の種構成は変化したのだろうか。それを確かめるため、旱魃が発生する前の種構成と発生した後の種構成とを比べ、その変化の程度が、旱魃が発生しない通常の期間に起こる種構成の変化と比べて大きいのかどうかについて分析した（図5・3）。具体的には、図5・3の上の概念図のように、旱魃が発生するより前の期間内（通常期間と呼ぶ）で、ある月の種構成とその月から一定期間経た月の種構成とを比べた。それを定量的に示すために、類似度指数（生物群集のサンプル相互間で組成を比べ、類似の程度を量的に測るための尺度）を使った。図5・3では、縦

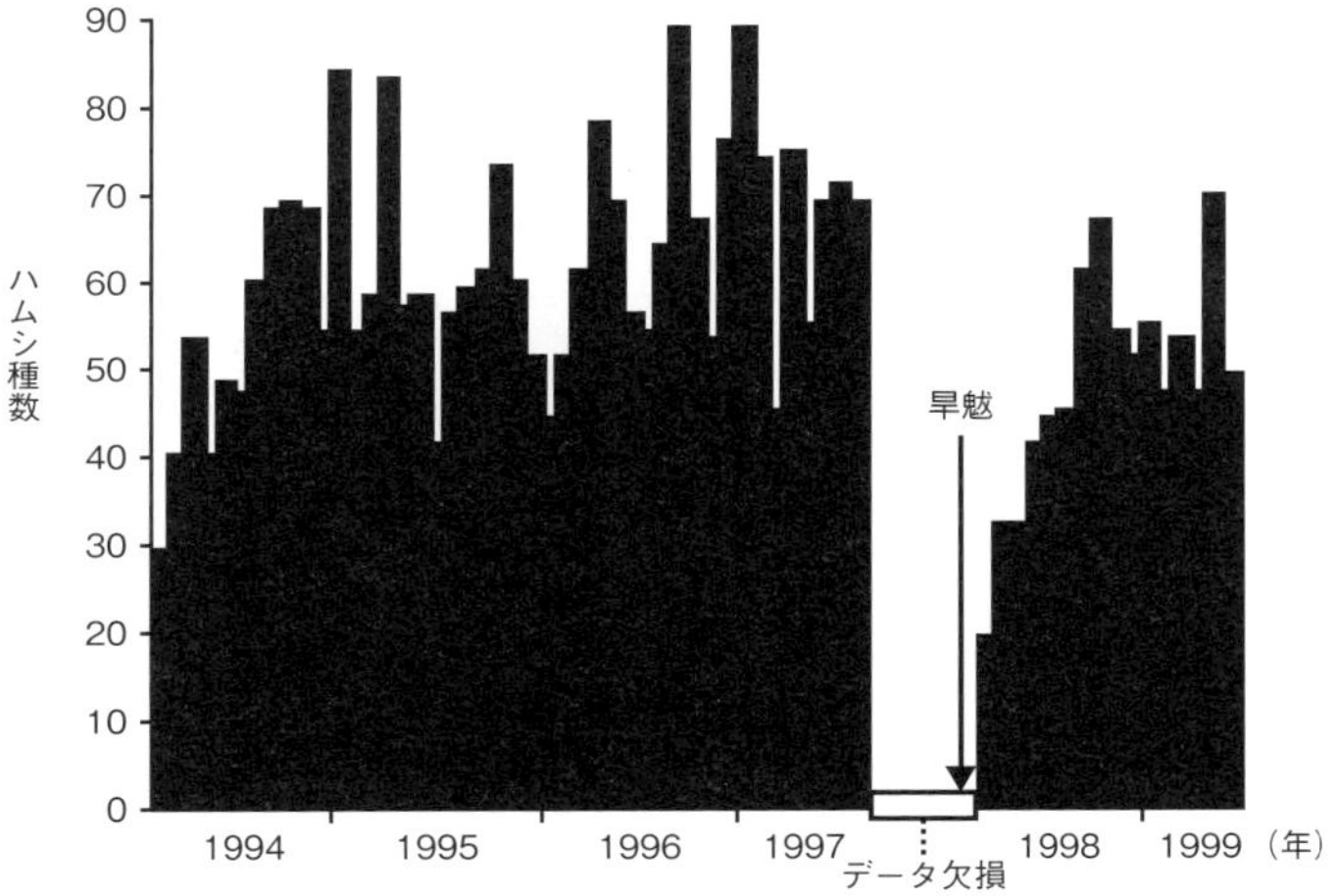

図5・2　ライトトラップで採集したハムシ科種数の時間変化．Kishimoto-Yamada & Itioka (2008b) を改変．

軸の種の類似度指数の値が高いほど比較した二点間の構成種は類似している、つまり二点の群集間で重複している種が多いことを示す。次に、途中で旱魃が発生した期間内（旱魃発生期間と呼ぶ）で、旱魃発生の前後の二点を上と同様に抜き出し、種の類似度を計算した[*1]。私たちの研究では、さらにこれらの類似度指数の値を通常期間と旱魃発生期間とで差があるのかどうかを確かめた。つまり、旱魃の発生によって群集の構成種が変化しているならば、旱魃発生期間でみられる二点間の種の類似度は、通常期間のそれらよりも低いと予想していたからだ。解析の結果、通常期間の種の類似度指数の値が、旱魃発生期間の種の類似度指数の値より著しく高いことが示され、予想は支持された（図5・3）。すなわち、旱魃が生じると、種構成は通常の水準に比べて劇的に変化することが示唆されたのだ（Kishimoto-Yamada & Itioka, 2008b）。

　これらの一連の結果、ランビルのハムシ科の多く

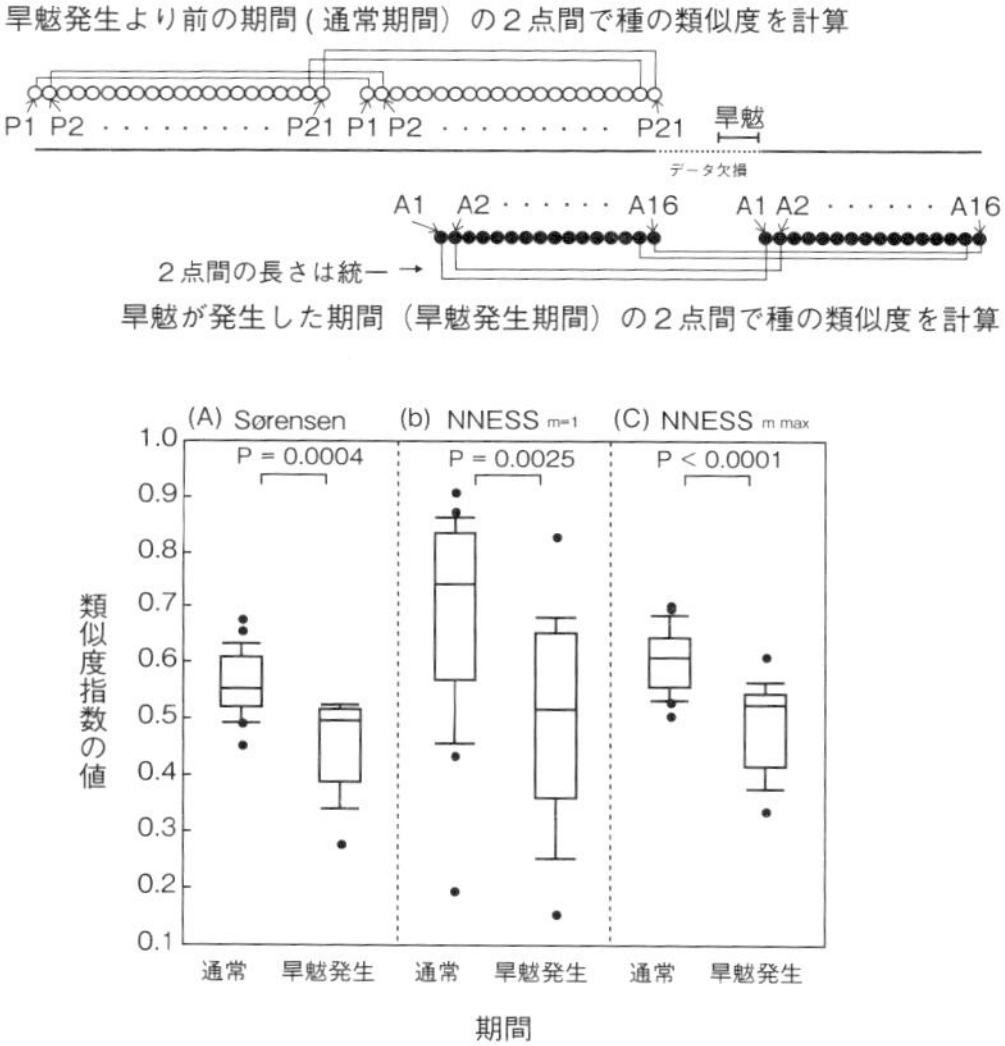

図5・3　旱魃が発生していない期間（通常期間）と途中に旱魃が発生した期間（旱魃発生期間）とで種構成の変化に異なる傾向がみられるのかを分析した．上図は分析方法の概念図．通常期間と旱魃発生期間それぞれの期間内の２点間で種の類似度を計算した．類似度指数の値は，０－１をとり，１に近づくほど２点間の構成種の重複の程度が大きいことを示す．下図は，それぞれで算出された種の類似度指数の値を比較した結果を表す．ウィルコクソン二標本検定の結果，どの指数においても，値は，通常期間に比べて旱魃発生期間のほうで著しく低かった．Kishimoto-Yamada & Itioka (2008b) を改変．

は、旱魃が発生すると劇的に減少するものの、数ヵ月後には全体の種数は旱魃前の水準に戻ることがわかった。しかしながら、回復した群集構成は、旱魃前にみられたものとは異なることが明らかにされた。これまで昆虫の数種で個体数動態とエルニーニョに連動した旱魃による正や負の影響が明らかにされてきたが、これらの結果で示したような、通常の水準よりも顕著に優占種の入れ替えが起こり、旱魃が群集構造の形成に強く関与することを実証的に示した研究はほとんどない。

＊(1)これまで、種の類似度を測定するための類似度指数は多数開発されている。詳しく知りたい人は、小林四郎著

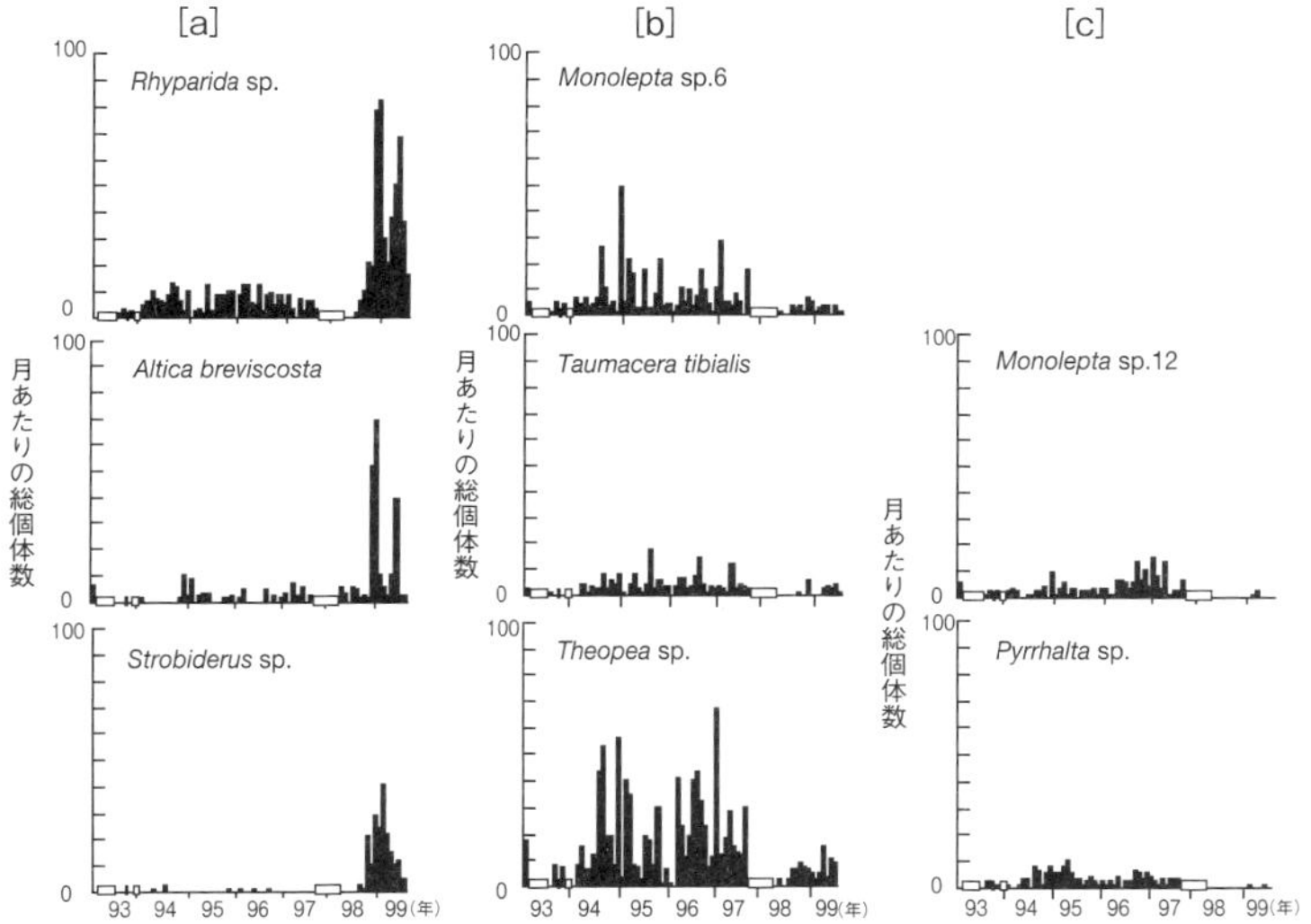

図5・4　ハムシ科数種の個体数変動パターン（Kishimoto-Yamada et al. 2009を改変）
[a] これらの種の個体数は著しく増加した.
[b] これらの種の個体数は著しく減少した.
[c] これらの種は，旱魃が終わって数ヵ月経ってもほとんど出現しなかった.

「生物群集の多変量解析」蒼樹書房を参照するとよい。私の研究では、関連論文で近年比較的よく使われている指数、Sørensen の類似度指数（サンプルAとBに含まれる種の在・不在データに基づいて計算される。0から1の値をとり、0はAとBは種を共有していないことを示し、1はそれぞれの構成種がまったく一緒であることを示す）と、NNESS類似度指数（NESSを改良した指数。両者とも、サンプルAとBからランダムにm個体抽出した場合の、それらが同一種に属する確率に基づく。ただし、NNESSの場合、一度抽出したm個体を戻す）を使って分析した。

個体数変動の種間変異

それでは次に、個々の種の個体数は旱魃前後でどのように変化しただろうか？そこで、ライトトラップで採れた全体の個体数のうち約八四パーセントを占める三四種の個体数変動パターンの傾向を調べた。個々の個体数変動とランビルで生じた超年次的な環境変動（旱魃と一斉開花）との関連性を調べるため、多変量解析を用いて分析した（Kishimoto-Yamada et al., 2009）。その結果、旱魃がほとんどの種の個体数変動に強く影響することを示す結果がえられた。具体的には、三四種の半数以上の種で、旱魃後個体数が増加するグループと旱魃後個体数が減少するグループとに分けられたのだ。実際に、前者のサルハムシ亜科 *Rhyparida* sp.、ヒゲナガハムシ亜科 *Altica breviscosta* や、*Strobiderus* sp. の個体数変動パターンをみてみると、旱魃の後で顕著に増加していることがわかるだろう（図５・４［ａ］）。反対に、後者のヒゲナガハムシ亜科 *Monolepta* sp.6 や、*Taumacera tibialis*、*Theopea* sp. の個体数は旱魃後減少していた（図５・４［ｂ］）。さらに、後者のグループのなかでも、ヒゲナガハムシ亜科の *Pyrrhalta* sp. や *Monolepta* sp.12 では、旱魃後個体数が劇減し、旱魃が終わって一年近く経っても、数個体しか確認できなかった（図５・４［ｃ］）。このような種は局所的に絶滅した状態に近いことが推測される。以上の研究結果から、ここでみられる局所的なハムシ群集はダイナミックに変動し、確率的な攪乱によって群集が維持されているのではないかと推測される。そして、調査地では、エルニーニョに連動した旱魃が群集を決める自然攪乱として機能しているのではないだろうか。これまで、いくつかの研究でエルニーニョに連動した旱魃が群集構造の変化にはたらく効果について指摘されてきたものの、実際に多数の種や群集構成種全体を使って旱魃の影響について詳しく調べた研究はなかったので、こうして旱魃の効果について具体的に示せたのは私の研究の売りの一つとなった。

私たちの研究では対象種に偏りがあるうえに、それぞれの種の断片的な生活史特性がわかっているにすぎないので、系統的または生態的な種のまとまりと個体数変動パターンとの間にどのような傾向が見られるのかはわかっていない。それでも、限られた情報をもとに推測してみると、個体数変動パターンは、近縁な種間でも、同じような資源をもつ種間でも、異なるのではないかと、私は予想している。野外のデータで検証するのは難しいが、この傾向が支持されれば、攪乱の効果が種に非特異的にはたらくことを示し、旱魃の後再定着する種はランダムに決まることを強く示唆する結果がえられるのではないかと考えている。一方で、攪乱を受けた場所で生育する植物を寄主とする三種が旱魃前はほとんどみられなかったのに対して、旱魃後急増したことが観測され、攪乱に強い種が最も早く再定着することも考えられる。どちらにしても今の段階ではあれこれと推測するにとどまっているのだが、今後、個々の種の生態情報と個体数変動パターンとの関係を明らかにすることができればおもしろいかもしれない。

旱魃の規模と頻度が増大する時

このように旱魃が多種共存に重要な役割を果たしていることが支持されたとしても、私たちは現実を深刻に受け止めなければならない。攪乱が競争排除を妨げる働きをすることは述べたが、中規模攪乱説[*2]では、攪乱が強すぎると種は個体数を回復することができず絶滅する種が増え多様性が減少し、反対に攪乱が小さすぎると競争排除を押しとどめることができずやはり多様性が減少し、適度な攪乱によって競争排除が妨げられ多様性が最大になることが予想されている。最近のエルニーニョの規模と頻度データをもとに気象モデルを使って、エルニーニョの将来の発生について予測をした研究では、今後エルニーニョの規模はますます大きくなり、より頻繁に起こることが予想され（Timmermann et al., 1999）、また温室効果ガスの排出量との関係も指摘されている。今後、もし、旱魃の規模と発生の頻度が強まり、絶滅する種の割合が劇的に増えれば、生物多様性への負の影響が心配される。

とくに、イチジクと絶対的な共生関係を結ぶイチジクコバチや、フタバガキ科樹木の送粉に寄与していると考えられるハムシ科成虫などの、樹木の繁殖に重要な役割を果たす送粉者が局所的に絶滅すれば、森林全体の維持に関わる深刻な問題となることが考えられる。

＊（2）中規模攪乱説は、一九七八年J.H.Connellによって提唱された、群集の多様性は攪乱が大きい場合や小さい場合で低くなり、中程度で最大になるとする仮説。

コラム　二次林の調査

私はこれまでランビルのように広面積の原生林が残っているところだけでなく、焼畑や伐採によって過去に人の手が入った二次林でも調査を行ってきた。原生林の林床は、林冠が枝葉でびっしりと覆われており、太陽光が下まで届かず下層植生はまばらである。そのため、林床は全体的に暗く、比較的歩きやすい。一方で、二次林、とくに伐ったばかりの若い二次林などは下層植生の密度が高く歩きにくいことが多い。また、目的の場所にたどりつくまでに、太陽光を直接浴びるような開けた土地や、シダやショウガが密生しているような歩きにくい場所を通過することが多く、原生林での調査よりも体力が消耗する(写真5・3)。私は以前、焼畑後一年しか経過していない草原でも調査をしたことがある。ここでの調査は、二次林以上に過酷な条件がそろっている。たとえば、太陽光を避ける場所はない。そのうえ、カヤツリグサなどの葉で手が切れることも多い。また、ツムギアリが多いので頻繁にかまれてしまうなど最悪な環境だ。ある日など、雨上がりで草原が滑りやすくなっていることに加えて、悪条件から集中力が低下し、お尻から派手に転んでしまった。運悪く、お尻が落ちたところに枝があり、ズボンの後ろがざっくりとやぶけてしまった。悪いことは重なるもので、調査補助として雇っていた住民に目撃され、翌日には村人全員に知れ渡ることとなった。このように笑い話で済めばいいのだが、共同研究者は滑った時に剪定《せんてい》ばさみで手を切り、そのまま病院に運ばれた。こうした過酷なフィールドでは、集中力の維持が鍵となる。

とはいえ、二次林での調査はつらいことばかりでない。原生林とは違った顔ぶれの虫が採れるからだ。二次林のような

写真5・4　二次林調査プロットに向かう筆者．原生林とは違って，下層植生が密生している．（撮影：兵藤不二夫）

攪乱地でしかお目にかかれない種類の昆虫も多くいる。もちろん、原生林と二次林のどちらでも採れる種類もいるが、伐ったばかりの若い二次林ほど原生林と重複する種の割合が少ない。ただし、種類は二次林のほうが頭打ちになるのが早いと予想され、二次林でしばらく調査をするとだんだんと新しい出会いがなくなるだろう。対して、原生林は、いつ訪れてもはじめて採集した昆虫が含まれる。たとえば、昆虫群集の構造も原生林と二次林とでは異なる(Kishimoto-Yamada et al., 2008c)。二次林では、一～数種でのみ個体数が飛びぬけて多かった。つまり、二次林の昆虫群集は均等度(群集内のそれぞれの種の個体数が等しいこと)が低く、多様性が低いと推測された。

昨今では、二次林や伐採林の生物多様性を評価しようとする研究はますます増えている。その時々の調査地の周辺環境も考えて、行動することが重要である。二次林での調査は、さきに述べたとおり歩きにくい場所を通るので、道をこぐための鉈や鎌などの刃物や長靴が必需品である。場合によっては、ズボンの穴をふさぐための裁縫道具も必要かもしれない。

第6章

フィールド研究をはじめる若者へ

写真6・1　標本を見て憧れていた昆虫の生きている姿を自分の目で目撃した時は喜びもひとしおである。写真は，*Pyrops intricata*. ボルネオ固有種.

昆虫と出会う

女性が昆虫の研究をしていると珍しいのか、小さい頃から虫が好きだったのかと聞かれることが多い。私の場合は、積極的に好きということも、嫌いということもなかった。私は、東京郊外の新興住宅地で育ち、男兄弟もいないので、普段の生活で昆虫や昆虫図鑑に目を向けることがなかった。小学生の時、夏休みの自由研究でショウリョウバッタの飼育日記を提出したことがあるが、親に勧められてやったという感じが強く、昆虫についてそれ以上掘り下げることはなかった。祖父が昆虫好きだったそうだが、私が生まれた頃はすでに他界しており、母や叔父が一緒にやったような昆虫採集や標本の作製を直接伝授されることもなかった。そんな私が昆虫に興味をもちはじめたのは、志望大学のオープンキャンパスで催された研究室紹介において、昆虫標本の展示を見てからだ。実際には、その研究室は農作物の病気や害虫を研究していたが、展示物にはオオミズアオやビワハゴロモ類などの美麗昆虫が含まれていた（写真6・1）。標本箱に並べられた昆虫を見て、昆虫というものは、形や色、サイズにこんなにもバリエーションがあるのかとはじめて認識した。そもそも大学の志望理由は昆虫学ではなかったものの、その研究室紹介で見た昆虫標本の展示がきっかけで、入学してまもなくその研究室の扉を叩いた。

一般的には、大学の学部生は卒業論文を作成するために、三年生以降に所属する研究室を決める。私が所属していた学科でも、三年になって研究室を決める人が多かったが、一年生でも入室を希望すればどの研究室も受け入れてくれた。研究意欲のある人は、一年の時から研究スペースを与えられ、調査や実験の方法を教えてもらいつつ自分の研究を進めることができるのだから、すばらしい制度だと思う。このような研究意欲のある人にとって理想的な環境がどの大学でも整っているわけではないが、意欲があれば、一年生でも自分の方向性と合致する研究室や先生を訪ねるとよいだろう。自分の興味あることを伝えておけば、チャンスが広がる。

私はというと、研究するということがどのようなことなのかあまり考えずに、ただ他にどのような虫がいるのか知りたいという気持ちだけで気軽に入室した、意欲的な学生とは程遠い存在だった。そのようなわけで、私は学部一年の時から卒業研究をはじめる四年になるまで、明確な自分の研究テーマをもたず、指導教官であった河合省三教授（当時東京農業大学）が行っていた皇居をはじめ東京都内の数ヵ所におけるカイガラムシ相の調査などに参加しながら、フィールド調査のノウハウを実地で学んだ。河合先生がカイガラムシ上科（カメムシ目・半翅目）の分類を専門とされていたため、当時はおもに、分類学を専攻している研究者とフィールド調査をする機会に恵まれていた。同じ昆虫を対象にしていても、分類学を専攻するか生態学を専攻するかで研究目的も、研究者として育つ環境も、研究手法もまったく異なる。もちろん、昆虫をキーワードとしているのだから共通点は少なくない。それぞれの人の個性にもよるが、生態学者が研究対象の昆虫が見せる行動や現象、そして、その原因を追究するのに対して、分類学者は対象そのものについて深く掘り下げているようにみえることが多い。たとえば、分類学者のこだわりは持ち物にも表れていて、既製品だけでなく、対象とする昆虫を採集するのに適したお手製の道具を観察することができる。単なる道具かもしれないが、所有している人の研究スタイルを垣間見ることができるのも楽しいものだ。最近では、複数の昆虫分類群を扱うことが多くなってきたので、新しい材料に出会うたびに、当時いろいろな人の手法を観察してきた経験が役立っている。

熱帯研究をはじめるまで

皆さんはカイガラムシという虫をご存知だろうか。日本には昆虫愛好家が多いが、昆虫のなかでもとくにカイガラムシが好きだという人を、私は知らない。カイガラムシ上科は、カメムシ目（半翅目）で、アブラムシと類縁の近い仲間である。多くの種類で、メスは成虫になると寄主植物に定着し動かなくなる。果樹や鑑賞植物の害虫として悪名高いものも多く含まれ、庭の樹木にへばりついたカイガラのようなもの

(一見、虫とは思わないかもしれない)といえば思い当たる人も多いかもしれない(写真6・2)。一方で、一部の種では虫の体をおおっている物質が塗料や光沢剤、食用紅などとして利用されているので、有用な虫としても知られている。このように人間の生活と密接に関わりのある種類も多く、趣味の昆虫にはなりえないかもしれないが、昆虫学の研究対象としては重要な分類群であろう。私は、研究室の先輩がセミナーで紹介した論文がきっかけで、そのカイガラムシとアリの共生関係について興味をもっていた。当時は想像もしていなかったが、後にその論文が縁で、著者の市岡先生を頼って大学院に進学するにいたった。さて、いくつかのカイガラムシとアリの間では、カイガラムシが分泌する甘露をアリが餌として利用する一方で、アリが捕食者からカイガラムシを防衛するという、相利共生が成立している。[*1] そのような共生関係に着目してなにかおもしろいことができないかと考えていた時、研究室の先輩から、『インセクタリウム』(財団法人東京動物園協会)という雑誌の小さな記事を教え

写真6・2　上はネムノキに寄生するカキノキカキカイガラ．下はマンゴーに寄生するオスベッキーマルカイガラ．（撮影：河合省三）

てもらった。それは、寺山守博士(東京大学)が書いたアリノタカラカイガラムシとミツバアリについての記事だった。カメムシ目コナカイガラムシ科のアリノタカラカイガラムシ(*Eumyrmococcus smithii*)は、アリ目(膜翅目)アリ科ヤマアリ亜科のミツバアリ *Acropyga sauteri* の巣の中でしか生きていけない、一種対一種の絶対的な共生関係を結んでいる(写真6・3, 6・4)。この一風変わった虫たちをさらに魅力的にしているのは、(アリノタカラという名前にあるのは言うまでもないが、)ミツバアリの結婚飛行であ

写真6・3　ミツバアリとアリノタカラカイガラムシ. アリノタカラカイガラムシは写真6・2と同じカイガラムシ上科. (撮影：河合省三)

写真6・4　アリノタカラカイガラムシは, ミツバアリの巣の中でススキなどの根を吸汁して甘露を排出する. (撮影：河合省三)

る（図６・１）。ミツバアリの新女王が誕生すると、アリノタカラカイガラムシを一個体大顎にくわえて結婚飛行に発ち、新しい巣へ持ち運ぶことが知られている。しかし、地上で観察できるその行動のみが知られているだけで、その他の生活史特性についてはなにもわかっていなかった。最終的には、両者の生態を明らかにしたかったのだが、卒業研究では、その手はじめとして、試行錯誤してなんとか飼育を可能にし、アリノタカラカイガラムシの外部形態について論文をとりまとめた。その後、名古屋の大学院に進学してからは、両者の生活史特性について調べ、修士論文としてまとめた。その三年の間、それらの生息地である沖縄県へ頻繁に通いフィールド調査を行った。そこでは、まず、ひたすらバイクや車で移動して、ミツバアリの巣が観察しやすく、定量的な調査が可能な程度にそれらの密度が高い場所を探し回った。実をいえば、この研究の構想をしてから着手するまでに約二年の月日を費やしている。金銭的に余裕がないために沖縄で最適な調査地を探す機会が限られていたことも理由の一つであるが、私自身

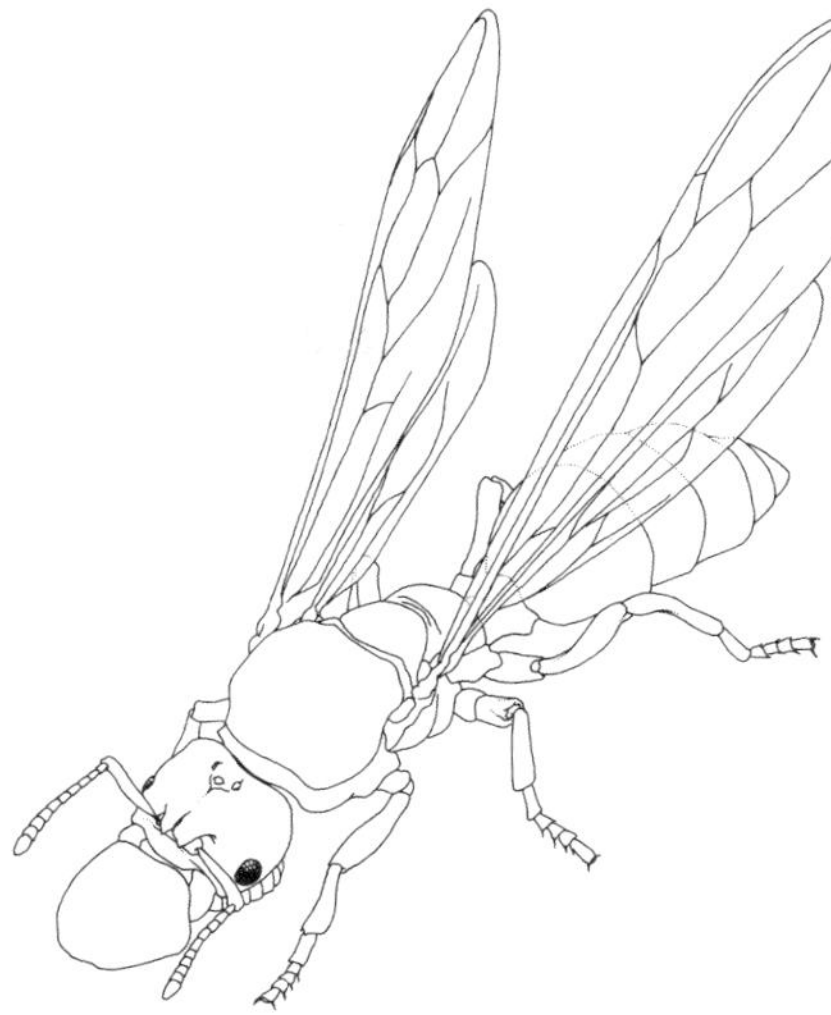

図６・１　ミツバアリの女王は，結婚飛行の際，アリノタカラカイガラムシ１個体を連れていく．それを，新しい巣へと持ち運ぶのだから，まるで嫁入り道具だ．（イラスト：中原直子）

の視野の狭さと下調べ不足によるものが最大の問題点だったと今は痛感している。当時の私はミツバアリやアリノタカラカイガラムシ、それらの近縁種に関する記事をすべて集め、どのような生息地環境なのかは把握しているつもりだった。しかし、もう少し大きな分類群まで視野を広げれば、相談するのに適当な人を見つけることくらい学部生でもできたことだ。結局、それまでに採集したアリとカイガラムシを整理するだけで卒業論文をまとめることができそうだったので論文のメインテーマを変えることを提案されてしまった。それでもなおあきらめきれない私は、学部四年生になる前の春休みに最後のチャンスをかけて、寺山先生が西表島にアリ相の調査に行くというので同行させて頂いた。その調査隊の一人が沖縄のアリの専門家である高嶺英恒先生(沖縄商工高等学校)だった。なお、西表島では、アリノタカラカイガラムシの近縁種であるシズクノアリノタカラカイガラムシ(*Eumyrmococcus nipponensis*)の生息が確認されているが、寺山先生、高嶺先生でさえみつけるのが難しいとおっしゃっていた通り、採集することはできなかった。この調査の後、沖縄島に移動し、高嶺さんの案内で、ミツバアリとアリノタカラカイガラムシがたくさん採集でき、かつ調査をしていても近隣住民にあやしまれないような場所にようやくたどりつくことができたのだ。研究に適した場所がみつかってからは、同じ所にとどまってそれらの昆虫を観察し、季節ごとに調査地を訪れデータを取り続けた。現在は、いろいろなフィールドで調査する機会も増え、その中には一回きりの調査地もある。私はあちこちのフィールドを回るより、長期間同じところでデータを採り続けるのが性に合っているようだ。そうしたフィールドワークのスタイルはこの時の研究で培われたのかもしれない。

＊（1）アリとカイガラムシの相利共生関係が維持される期間や共生相手にどの程度特殊化しているのかについては多様な種間変異がみられ、相利共生の程度が強くアリとカイガラムシ双方が生活環の全期間において共生関係を維持する「絶対共生」までいたった種も存在する。

これができなければフィールドには連れて行かない

私は、博士課程ではまったく別の研究をはじめることになった。しかも、熱帯雨林で研究をはじめることになったわけだが、当時は不安より期待の方が大きかったと記憶している。ランビルに行くことになった時、指導教官から、次の三つのことができるかと問われた。それは、（一）どこでも眠ることができる、（二）何でも食べることができる、（三）どこででも用を足すことができるかということだった。この時まで、私は国外での野外調査を経験したことがないうえに、アジア方面へ旅行すらしたことがなかった。他にもいろいろと細かい注意事項はあったが、これまでランビルやそれ以外の地域でフィールドワークの経験を積んできて改めて感じるのは、この三つの項目は、フィールドワークを楽しめるかどうかというものさしのようなもので、基本中の基本である。

さて、これら三つの項目は男女を問わず共通するが、女性にとって三番目は決心がぐらつくポイントかもしれない。しかし、私の経験上、これは「慣れ」の問題である。私が子どもの頃は、駅や公園のトイレは汚いというのが常識だったけれども、最近の国内のトイレはどこでもトイレットペーパーが備えられているうえに比較的きれいである。とはいえ、国外にでると日本ほどきれいなトイレはめったにない。マレーシアは、イスラム教の国で、トイレにはトイレットペーパーはなく、水道ホースがついている。用を足した後は、ホースを使って洗う。そのため、しばしば床が水浸しで、慣れるまでは苦労した。ところで、この三番目の問いは、野外で用を足すことができるかどうかをおもに意図している。山登りやキャンプなどが好きな人は、森の中で用を足すことに慣れているだろう。最近先輩に聞いた驚くべき話には、林学・農学系の学部生でも野外で用を足すことができず、演習林での講義に助手が簡易トイレを担いでいくということがあるらしい。本書を読んでくれた方でも思い当たる人がいるかもしれない。はじめは抵抗があるかもしれないが、野外でもわが身を隠してくれる障害物さえあれば、しだいに慣れてくるだろう。余談になるが、見渡す限り草原が広がっているモンゴルに行った時は、隠れる場所がなくて壁を見つけるのに必死な思いをした。私にはトイレに関する「武勇伝」はないけれど、文系理系問わずフィールドワーカーのトイレにまつわる話は尽きない。弱点と思いきや慣れたころには、おいしいネタに転じることもあるのだから、これはぜひ克服してほしい。

他の二つの項目に関しては、人によっては深刻な問題で、これが克服できずやめていった人たちもいた。短期間ならば無理も利くが、長期間調査地に滞在する場合は、眠り、食べることができない日々が続くと、いずれ身体を壊すことになるだろう。何よりも、良いデータを取るためにはベストな健康状態でいたい。それまでの私は、現地で探した格安の宿や知り合いのお宅に泊まり、バイクや車で調査地まで行き、沖縄のかまぼこをほお張りながら、独りで気軽にフィールドワークをしていた。それが認められたのかどうか、これら三つの条件をクリアしているだろうということで、ランビルに行くことが決まった。

追記：原稿の大半を書き終えたころ、フィールド生物学シリーズの一巻と二巻が創刊された。お二人の著者とも、フィールドワークに大切なこととして、内容が若干異なる点もあるが、共通してこの三つの項目を挙げられていた。改めて、これらはフィールドワークを続けるには基本なのだと思ったしだいである。

研究計画の失敗

じつのところ、私は、物理的・時間的に追い込まれ、眠ることができない、食べることができないという調査をしたことがある。調査は、二〇〇三年の七～九月までの約二ヵ月間にわたって行われた。国内の研究所や大学から総勢七名の研究者や学生が集まって、ランビルの原生林をはじめとして二〇箇所以上の二次林や焼畑直後の草原などでプロット作りと植物相の調査を行った。その後、私は、とくに、ランビル周辺の現地住民による伝統的な土地利用法と昆虫相との関係を明らかにするため、ライトトラップとスウィーピングによって昆虫を採集した。事前の準備が足りなかったことで、採集道具を再利用するための準備とサンプル処理に追われ、毎日の平均睡眠時間は三、四時間という過酷な調査が二ヵ月間も続いた。その間は、ゆっくり食べる時間も惜しかった。しかも、毎日朝と晩の二回、ライトトラップに必要な約四キロのバッテリーを一個、多い時で二個を担いで調査プロットに通っていた(写真6・5、6・6)。指導教官や研究室の先輩・後輩が毎日交代で手伝ってくれたが、もっとも遠いプロットまでは歩いて三〇分以上もかかったのだから大変な重労働である。体力には自信があったのでなんとかすべての工程はこなしたものの、こうして無理を重ねて調査をしても質の高いデータが取れるとは限らないことを思い知った。

写真6・5　ライトトラップを担いで川を渡る筆者．前にかかえたリュックには4キログラムのバッテリーが入っている．（撮影：市岡孝朗）

写真6・6　ライトトラップを担いで焼畑跡地を通過する筆者と現地採用のワーカー．（撮影：市岡孝朗）

コラム　サロンと水浴び

写真6・7　サロン姿の現地の住民.

ランビルは温水シャワーがついた恵まれた施設であることは、第1章で述べたが、どこでも温水のシャワーを浴びることができるわけではない。たとえば、三週間ほど村に滞在しながら調査をした時などは、川の水をそのままひいているので、シャワーは冷水で、野外から戻ったらすぐに浴びないと冷たくてたまらない。私は、サラワク森林研究所の標本庫に通う時も、冷水シャワーしかない安宿に泊まることがある。きちんと冷房がきいた標本庫で作業をした身体に冷水シャワーはこたえる。ただ、これらの経験は個室があるだけましだったと思える。

現地の人は水浴びが大好きで、挨拶代わりのように「スダマンディーカー?」と聞いてくる。「水浴びはもうしましたか?」という意味である。そして、水浴びの後、サロンと呼ばれる巻きスカートを履いてすごす(写真6・7)。村で滞在する時は、シャワーがついた個室がない場合も多い。そういう時は、女性はわきの下部分でサロンを巻きその上から水を浴びる。私のように普段個室に慣れている者にとってはなかなか難しい。

まず、サロンがずれ落ちてくるのだ。何度も村の女性に教えてもらうものの、なかなかうまくできない。しかも、水浴びをしている私の後ろには普段どおり人が行ったりきたりしているので、落ち着いて水浴びどころではなかった。ちなみに、私はまだ経験がないが、川で水浴びすることも多い。この時もやはりサロンを使う。

このサロン。慣れるとなかなか便利なものである。小学校の頃、水泳の授業の時にゴムを通したタオルをかぶって水着に着替えた人も多いのではないか。それと同じように、川で泳いだ後にもサロンが使える。前述したモンゴルに行った時は、用をなかなか足すことができず、女性の先輩とサロンを持ってくればよかったねと笑いあったものだった。

じつはこの話をわざわざここに書いたのは、男性の共同研究者とちょっとした行き違いがあったからだ。はじめて行く村で私が不安なのは水浴びをする場所が家の中にあるのか、あるならば扉はついているのかである。日本を発つ前に集めた情報ではシャワーがついているというので、サロンを持っていかなかった（今思えばそれ自体が甘い判断だったのだが）。当然個室と思ったのだ。ところが、現地入りする前の買出しの時そのことを確かめたら、扉があるかどうかはわからないというので、急遽サロンを買い足した。その時はなんでそんなことがわからないのかと抗議したものの、男性と女性では気にするところが異なるのは当然だろう。それまでの経験から無駄になったとしてもサロンの一枚は女性が一人ならなおさら持っていくべきだったと反省した。男性に聞きにくいことも当然あり、はじめてフィールドワークに行こうと考えている女子学生の方は、事前に女性の経験者から情報収集することが大切かもしれない。もちろん、現地のおばちゃんたちはいつでも心強い味方だ。

コラム　オラン・クワット—女性研究者の苦悩—

Orang Kuat（オラン・クワット）、私がはじめてつけられたあだ名である。オラン・クワットとは、マレー語で「強い人」を意味する。はじめてランビルで長期間滞在した時、サラワク森林局のスタッフがランビル山で樹木の葉を採集するということで、おもしろそうなので同行した。その時は、われわれがランビルで雇っていたイバン族の男性が案内役をかって出てくれた。植物の名前をよく知っていて、山歩きを得意とするこのおじいさんに植物の名前を教えてもらうのが楽しくてピッタリついて歩いていった。途中、振り返ると後ろのほうに皆がいる。そのおじいさんに、日本は都会なのになぜ山歩きができるのかと仕切りに聞かれ、ついたあだ名が「オラン・クワット」というわけだ。実際には、その頃体力が有り余っていただけで、山歩きは、今でこそだいぶましになっているという程度で、お世辞でも上手かったとはいえない。あだ名の由来はもう一つある。夜一人で山に入るからである。イバン族の人は、狩りをする人もいるが一人で山歩きをするのが好きではない人が多い。なぜなら、「ハントゥー」が出るからだ。ハントゥーはおばけという意味である。夜歩いていると後ろから名前を呼ばれ、振り向くと死んでしまうと本気で信じている。私はハントゥーよりも、国立公園内で不法に伐採や狩りをする人に出会ってしまうことのほうが数段恐ろしい。

現在では、国立公園内での林冠部の定期的な夜間調査は続けていないが、研究対象によっては夜の調査を頻繁に実施している。さきに述べたとおり、ランビルでは夜間の調査は比較的安全である。ランビル以外の人の出入りがあるようなフィールドでは、申し訳ないと思いつつも男性の先輩や後輩、現地の人に同行をお願いして調査をすることもある。フィールドワークをしていて女性であることをどうしても不利に感じてしまうのは、こうした夜の調査や治安の悪いところでの調査を自由にできない時である。フィールドワークをはじめた頃は、男の人は一人で行くのになんで私だけが単独で動けないのかと、不自由に感じてしまうこともたびたびあった。もちろん、周囲の人の意見を気にせず強行すればいいのかもしれないが、何かあった時多大な迷惑をかけてしまうことを考えれば、その地域のことをよく知っている人の意見にしたがうべきである。

国立公園以外の調査で怖いのは、自分が狩猟の対象に間違えられる可能性である。サラワクでは、保護動物以外は、販売目的でなければ狩猟して食べることが許されている。そして、今でも保護区域外では、狩猟採集が行われている。猟師は、ライトを照らして獲物を探し、目が光ると瞬く間もなく猟銃を発砲するのだ。調査をしていて、目や持ち物が光ったら間違って撃たれてしまうかもしれない。公園外の夜間調査では、獲物と間違えられないように、鈴をつけるように先輩からいわれていた。半信半疑でつけていたが、ある時、調査中ではないが至近距離で銃声を聞く体験をして以降、鈴をつけることはもちろん、周辺の状況をじゅうぶんに把握してフィールドワークをすることの意味を改めて認識することになった。昼間でも、人通りの少ないところで調査をする時は注意をする必要がある。女性であっても男性であっても、一緒に滞在している人や宿の人などに行き先、帰り時刻を伝えておくのは基本である。

私は調査地でいろいろなトラップを使って昆虫を採集することが多い。トラップの設置の時間をなるべく減らすこと、運びやすさなどに気をつけて、使うトラップによって工夫を凝らす。それでも、写真6・5や6・6のように、重い荷物を抱えて調査地まで行くことは少なくない。調査地に行くようになって初期には皆が手伝ってくれたものの、オラン・クワットになってからは手伝ってもらえなくなった。名誉なあだ名なのか、悲しいあだ名なのか。

現地住民との交流

前節の過酷な調査は現地住民の土地を借りていたので、彼らにまつわる不測の事態がたびたび起こり、結果的に調査中の現地住民に関わるトラブルに動じない心が鍛えられた。たとえば、「村人同士のカップルが駆け落ちをしたので、お祈りをしなくてはならない」というような理由で、調査直前に森に入ってはいけないといわれたこともあった。私たちの常識では計り知れないことであるが、村人にとっては大切なことなので無視する訳にはいかない。こうした思いがけない理由での森への出入り禁止は、二ヵ月間に三回程度あった。正直なところ、私は少しでも休む口実ができてありがたかったが、人によっては計画が狂ってしまうので焦っていた。このように他からの予想外の理由で調査が中止になることもあるし、悪天候や怪我、病気のために調査が遂行できないこともあるだろう。この調査は、大変ではあったが、臨機応変に計画の変更ができるように余裕をもって調査を進めることが肝心であると身にしみた、忘れがたい経験になっている。

また、あるときは一つのトラップを回収するのに二四時間かけるという荒業をするはめにもなった。それは、本書でもたびたび登場したバラム川の上流域で調査を行っていたときの出来事である(図1・1)。調査プロットは、滞在していた村からランビルの方向(下流域)に向かって、約八〇キロメートルの広範囲にわたって、一二箇所設定した。そこでは、糞虫を採集するための衝突板トラップなど各種トラップの設置と回収を行っていた。毎日四輪駆動車でプロットまで運んでもらっていたが、ある日、村にあるすべての車がミリの町（調査地からランビルを経由してさらに三〇～四〇分のところにある）に行かなくてはならないという事態に陥った。町で亡くなった村人の遺体を引き取りに行くという。その村には電気が通っていないので、死亡のニュースはラジオによって突然もたらされた。その日の夜には出発して翌日の夕方に戻るとのことだったが、その日予定していたトラップの回収ができなくなるのは日程的に厳しかった。散々話し合った末に、村人の車に便乗してミリの町に向かい、翌日村に戻る途中でトラップを回収するという無茶なことを考えついた。当初は、途中ランビルに寄って物資の調達もでき、一四・五時間ほど車に乗っていれば済む話だった。ところが、出発して数時間たつと車が動かなくなり、応急処置でその場をしのいだものの、その後も別の箇所が次々と故障し、おちおち眠ってなどいられなかった。結局予定より大幅に遅れてランビルに到着した。こんな調子では帰り道もスムーズにいかないかもしれないという不安は的中し、帰り道では故障車を救出するなどのやむを得ないいくつかのトラブルに加えて、たびたびの寄り道のために時間がかかってしまった。村から町までは車で七時間以上かかり頻繁に行き来するわけでない。そのため、遺体を乗せた車以外は、この機会を利用していろいろと用事を済ませることに余念がなかった。かろうじてトラップは回収できたものの、回収の後もスムーズに帰れるはずがなく、寄り道のたびに勧められたお酒でへとへとになりつつ、村にたどり着いたのは出発してから二四時間後だった。

　このように現地の人とはトラブルばかりがあるわけではない。とくに、大きな町から離れれば離れるほど、その地域に住む同世代の人のたくましさがまぶしく思えることがある。サラワクのいくつかの民族では、男性はパランという刀を携帯する。パラン一つで、道をつくる藪こぎも、川を渡るための橋を作るのも、荷物を結わく紐を作るのも、ドリアンを割るのも、壊れた電機の配線の修理も、イノシシの解体までもやってしまうのだ。時には、森に生えている、ショウガやヤシ、ドリアンなどの果実（自生でないものもあるが）を採って一緒に食べる（写真6・8）。雰囲気によるものが大きいと思うのだが、地べたに座って汚い手で食べていても、それらはそれまで食べたことがないほど美味しく感じることがある。そんな彼らに学ぶことは多いが、意外と同世代の感覚を共有していたりもする。そうした時間も楽しいものだ。

写真6・8　ドリアンを見つけ，3人で5，6個は平らげてしまった．

パラタクソノミスト養成のチャレンジ

ランビルでは、さまざまなルーティンワークが行われている。たとえば、かつて私は毎日ＩＢＯＹ式ライトトラップを八ヘクタール調査区のタワーに設置していた。現地住民を一人補助として雇い、一緒にトラップの設置と回収を行っていた。野外での仕事や力仕事は男性を雇う場合が多い。一方で、室内の作業、たとえば昆虫標本の作製は、女性に依頼することが多い。人にもよるが、女性のほうが細かい仕事は得意なようだ。博士課程の時に、人を雇用するという立場につくのは大変なことではあるが、大いに勉強になった。

どの程度研究を組織的に展開するかで、雇う側も雇われる側も意識が変わってくる。私は個人の調査で長期に人を雇うつもりはなく、長く雇ってもらえる新しい仕事が他に見つかれば、そちらに移ることはお互いに了解していた。そのため、人が入れ替わることもあるので、誰にでもできる作業しかお願いしていなかった。もし、長期的に雇うのであれば、彼らの人生に責任を負うことであり、彼らもまた真剣に仕事に取り組むのだろうと思う。研究者側の組織力、現地住民の生活レベル、そもそもの住民の性格などいろいろな要因がうまく事を運んで、大規模に研究を展開しているフィールドステーションがある。ここではそのフィールドステーションについて紹介したい。

「パラタクソノミスト」とは、研究者によって多少解釈が異なり、コラム「パラタクソノミーは科学でない?」では、これから紹介するパラタクソノミストと区別するため、あえて準専門家と書いた。イヴ・バセ(Yves Basset)博士は、パラタクソノミストの仕事は、標本を集めて、それらの乾燥標本を作製し、標本を形態種に仕分けることと定義するが(Basset et al., 2000)、現地住民をパラタクソノミストとして育成することに比重が置かれている。一方で、第2章で述べた準専門家は、当該昆虫分類群の専門家ではない研究者も含む。バセ博士は、ヴォイティヒ・ノヴォトニー(Vojtech Novotny)博士らとパプアニューギニアでパラタクソノミストの養成センターを立ち上げ、現地住民の育成に力を入れている。パラタクソノミスト養成は、一九八九年、コスタリカで、ダニエル・ジャンセン(Daniel Janzen)博士とウィニー・ハルバックス(Winnie Hallwachs)博士が立ち上げた。続いて、タンザニア、パプアニューギニアなどでパラタクソノミスト養成が精力的に行われ、今では、他に世界中の数箇所のフィールドセンターや博物館で取り組まれている。パプアニューギニアのニューギニアビナタンリサーチセンターでは、パラタクソノミスト養成のために、一九九四年から、さまざまな技術を現地住民に教えている(Basset et al., 2000)。たとえば、さまざまな昆虫採集方法、ロープを使った木登り(昆虫観察のため)、昆虫の飼育方法、昆虫標本の作製(交尾器の解剖も含む)、顕微鏡の使用、植食性昆虫の形態種へのソーティング、昆虫標本の保存・管理、昆虫写真や情報のデータベース化などの技術の取得をめざしているそうだ。

彼らが、ジャンセン博士たちの組織と異なるのは、パラタクソノミスト養成の目的はインベントリーに留まることなく、生態学的な研究、おもに、植食者-植物関係の解明をめざしている点である。これまで、植食者-植物間関係の研究において、多くが、葉上の植食者を採集してその植物を寄主植物として記録するだけだった。しかし、近年では、葉の上にいたという記録だけでは、単なる通りすがりのもの(Trancient species)を排除できないとして、前提に植食者が採れた葉や花を与えて食べるかどうかを確かめることが主流になりつつある(バセ博士とノヴォトニー博士らの一連の研究)。また、採集した植食者が幼虫だった場合、とくに林冠部でチョウやガの幼虫が採れることがあるが、それらの種同定は成虫をもとに行われる。つまり、成虫になるまで幼虫を飼育しなければならないのだ。あるいは、林冠で採れる植食者の数が少ないので、飼育して、植食者を採った葉だけでなくいろいろな葉を与えることで寄主選択幅を調べることもできる。こうした背景のもと、パラタクソノミストによって昆虫の飼育が円滑に進めば、植食性昆虫と寄主植物の関係は飛躍的な速度で明らかにされていくだろう。私は、二〇〇七年一一月、ノヴォトニー博士の来日に合せて京都大学で開催されたセミナーで、博士とともに講演する機会をえた。ノヴォトニー博士の講演内容から、昆虫の採集、飼育、標本作製、データ入力にいたるまでシステマティックに行われている様子を垣間見ることができた。扱っている分類群も多岐にわたっていた。たとえば、植食性昆虫といっても、葉を外側からかじって食べるような葉食性もいれば、種子食性、材食性も含まれる。そうした食性の違いも考慮に入れて、体系的に寄主植物の幅を調べていた。とくに、私が気になったのは、二〇〇七年に発表された『Nature』の記事にも掲載されている、現地住民（パラタクソノミスト）の前に鱗翅目の幼虫が入れられたビニール袋が所狭しとぶら下がっている写真であった。じつは、私もハムシ科をはじめ、植食者の飼育を試みてきた。昆虫の飼育は手間がかかる。昆虫を採集して、餌植物とともに飼育容器に入れる。ここまでの作業は誰でもできるので思いついたままに採集しては飼育容器に入れ放置していく学生をときどき見かける。結果として、無残にも枯れた枝葉と干からびた昆虫がころがっている姿をみかけることになる。飼育には、餌植物を現場まで採りに行って飼育容器の中の古くなった植物と入れ替える作業が必要である。鱗翅目の幼虫は、とくに、蛹になるまでは頻繁に餌植物を替える必要があるので手がかかる。こうした飼育に必要な一連の作業を一人で行うのは結構時間がかかるものだ。私の場合は、こうした飼育に関わる作業で忙しかったのは、新葉や花が出現した時の限られた期間だけだったが、飼育作業をメインに据えている研究においては、採集と飼育だけに丸一日を費やすことになるうえに、ある程度長期で管理しなければならないので、学生の期間にしかじっくりとできないことになるだろう。そうした背景があるからこそ、組織的に飼育工程が確立されているのがよく示されていたその写真が一番気になったのだ。昨今の彼らの研究チームの論文発表のスピードは、計画の綿密さと数学的センスにもよるところが大きいが、こうした現地住民のパラタクソノミストが果たした役割は大きいと考えている。

コラム　植食性昆虫の寄主特異性

地球上には果たして何種類の昆虫がいるのだろうか? 誰も正確な数は知らない。なぜなら、陸上生態系のなかでもっとも高い生物多様性を誇る熱帯雨林において、未知な昆虫の数は途方もなく多いからだ。一九八二年にテリー・アーウィン博士は、熱帯の昆虫は三〇〇〇万種いると見積もった。現在では、その推定値は五〇〇万〜一〇〇〇万種に落ち着いている(Novotny et al., 2002)。この数は、研究者によって見解が異なるが、いずれにせよ既知種(おおよそ一〇〇万種)の五倍以上がこの地球上に存在するのだ。

アーウィン博士は、熱帯の植食性昆虫は寄主植物に特殊化していると仮定して、その莫大な種数を見積もった。具体的には、パナマでシナノキ科の*Luehea seemannii*という樹種一九本の樹上に殺虫剤を噴霧し、樹上の甲虫を採集した。それぞれの食性ギルド群(植食者・捕食者・菌食者・腐肉食者)の寄主植物に特異的な種の割合をそれぞれ二〇パーセント、五パーセント、一〇パーセント、五パーセントとし、*L. seemannii*上の寄主特異的な種の割合を算出し、次いで熱帯樹種五万種上の寄主特異的な甲虫の種数を割りだした。甲虫が全昆虫の四十パーセントを占めることから一樹種上の昆虫数が計算され、さらに、林冠部の昆虫相は林床の二倍にあたると仮定し、最終的に三〇〇〇万種の昆虫がいると推測した(Erwin, 1982)。アーウィン博士が発表したこの三〇〇〇万種という数字は、熱帯生物学研究者だけでなく、昆虫、生物多様性に関わる研究者ならば誰もが知っている推定値であろう。多くの研究者が興味をもったのは、植食性昆虫の寄主特異性の高さについてである。たとえば、一樹種上の寄主特異的な植食性昆虫の数は樹種間でばらつきがあると考えられ、*L. seemannii*上の割合を代表値として、全樹種五万種に適用してもよいのかという反論があった。

ここ一〇年くらいの間に、前述のパプアニューギニアの一連の研究によって、熱帯雨林では従来考えられてきたより寄主特異的な植食者は少ないことが次々と明らかにされてきた(Novotny et al., 2007など)。たとえば、多くの植食者が同じ属や科のなかの複数の種類の樹木を寄主としていた。熱帯雨林では、系統的に近い樹種が局所的に多く生育することから、実在の昆虫の推定値が大幅に下げられたというわけだ。しかしながら、植食性昆虫の寄主特異性は高いとする意見も少なくなく、まだまだデータが不足しているのが現状である。

パラタクソノミストのソーティングを基盤とした研究が各地で進めば、熱帯の植食者—植物関係への理解も飛躍的に進むと考えられる。もっともパラタクソノミストの養成がどの地域でも簡単にできるとは思えないが。パプアニューギニアでの成功は、研究者側の努力は言うまでもないが、現地住民がいまだに森林に依存していることや、植物や動物に精通していることが重要なポイントだと考えられる。同じ方法を採用するかどうかはともかくとして、東南アジア熱帯雨林の植食性昆虫の寄主植物の幅について実証的に示した研究は限られており、多様性の実態を知るためにも、早急に進められなければならない研究課題の一つである。

フィールドワーク ――まだまだ初心者編――

これまで、私は一人で黙々とソーティングを行うとともに、林冠で昆虫を採集し続けた。不安定な環境条件と種数の多さに翻弄されながらデータを集めてきたことは紛れもなく私のフィールドワークの基盤となっている。林冠調査は私にとっては時に落ち込み、時にはこのまま研究を続けるべきなのかと悩むことにもなった。なぜなら、林冠にのぼったからといって、花や新葉がない時は、ハムシはほとんど採れないからだ。では、ハムシ以外のおもしろい虫は採れるかというと、ほとんど何も採れない。お馴染みの顔ぶれは、特定のゾウムシ一〜二種とクモ・アリ・ゴキブリ・チャタテムシなどであった。ゼロデータを取り続けるのは、根気が必要な作業だ。何が自分を支えていたのかはいまだにわからないけれど、ただ、展葉がはじまり、新葉上にハムシがいるのをみるとやはり続けていてよかったと思ってしまう。そして、一気にテンションが上がる。私のテンションの高さとフタバガキ科の展葉・開花フェノロジーの間の関係は、正の相関を示してきたに違いない。こうして、ゼロデータを取り続けて、ゼロでない瞬間を知ってしまった時、フィールド研究を続けることに対する迷いはなくなった。それでもときどき思う。私が明らかにしてきたことやこれから知ることは、熱帯雨林でみられる現象のどれだけに値するのだろうかと。たとえていうなら、熱帯雨林に生息するアリの一コロニーにも満たないかもしれない。一個体の働きアリには相当するだろうか。一個体の働きアリに相当するかしないかの現象を明らかにすることに意味はあるのだろうか。ある昆虫が絶滅したら私たちの生活にどのような負の影響があるだろうか。ある生態系機能に重要な昆虫、たとえば、その森林を優占する樹木の送粉者として機能する昆虫がいなくなると、その崩壊が意味する重要性については、理解しやすい。一方、文字どおり名もつけられていない多くの昆虫がいなくなった時、本当に何が起こるのか、それは私たちが生きている間には目にみえるかたちで現れないかもしれない。私たちの研究では、旱魃が発生すると種の入れ替えが起きることが実証された。しかし、現存する原生林の周囲は確実に変化した。これは、種の供給源の崩壊を意味する。現在進行形の人類による攪乱はこれまでにないほどの速度でドラスティックな変化をもたらしている。遠い熱帯で起こることは、日本で暮らす私たちの生活には直接関係がないことかもしれない。しかし、そこに存在する種、そこに存在する群集と生き物同士の関わりあいは、途方もないくらいの長い年月をかけて生まれてきた存在であり、これらは一度壊してしまうと、二度と戻すことができないかもしれないのだ。そのことに思いを馳せる時、私はこれからも、クラクラするほど捉えどころのないような熱帯の生態系のなかから、たとえ一部だとしても生き物の営みについて調査を行い、理解していくという行為を続けていきたいと願う。ハムシの研究を通じて得ることができた熱帯雨林への理解は、私の財産であり、これからの調査研究を支える大きな力になると信じたい。

車でフィールドに向かう途中、背中に重そうな荷物を担いで歩いていく村人に手を振られ、手を振り返す。その中には、年老いたおじいさんやおばあさんがたくさんいる。焼畑をした畑に陸稲の種を蒔きに行くのだ。焼きつくような太陽の光が、ガンガンと照りつける焼畑跡地の作業は、過酷な作業だ。調査の途中、焼畑のわきで、誘われるままにトゥア（各家庭で作られる米からできた醸造酒）を飲む。トゥアで少し高揚した私は、力強く働くおばあさんをみて、このままおばあちゃんになるまでフィールドワークを続けたいと、強く、そう願った。

謝辞

二〇〇八年冬、九州大学の丸山宗利さんの呼びかけで出席した打ち合わせにおいて、東海大学出版会の稲 英史さんとお会いし、それを機に本書の執筆のお話をいただきました。自分の研究活動を一冊の本にまとめるのは初めてのことで、手探りのなか進めてきましたが、こうして出版することができましたのは、稲さんと、同じく東海大学出版会の田志口克己さんと椙山哲範さんの後押しのおかげです。まず、このお三人と丸山さんに心より感謝申し上げます。

本書で紹介した研究は、多くの人のご協力・ご助言を得て実施してきました。市岡孝朗先生には、野外の現象を実証データで示すことのおもしろさを教えていただきました。市岡さんのご指導と励ましがなくては、こうして研究を続けることはできなかったと思います。心からお礼申し上げます。また、昆虫の世界へと私を導いてくれた河合省三先生と、東京農業大学熱帯作物保護学研究室の皆様に深く感謝いたします。

本書を書き終え、私の研究は、ランビルヒルズ国立公園に関わってきた大勢の先達の尽力のもとに成り立っていることを改めて実感しています。さらに、すべては書ききれませんが、お世話になった以下の方々に厚くお礼申し上げます。

中静 透、酒井章子、百瀬邦泰、加藤 真、松井正文、Chris A.M. Reid、上田恭一郎、永光輝義、野村昌広、市栄智明、乾 陽子、中川弥智子、畑田 彩、黒川紘子、山下 聡、鮫島弘光、竹内やよい、野村有子、

饗庭正寛、田中 洋の諸氏と、ランビルで調査を実施している多くの大学教官と大学院生の皆様。クチン在住の酒井和枝さん、調査補助をしてくれた皆様、Sarawak Forestry Corporation・サラワク森林局のスタッフの皆様には、現地で大変お世話になりました。ありがとうございました。

二次林の調査は、総合地球環境学研究所のプロジェクト「持続的森林利用オプションの評価と将来像」(D-01)、「人間活動下の生態系ネットワークの崩壊と再生」(D-04)の一環で実施しました。市川昌広、山村則男の諸氏と、共同研究者の皆様、両プロジェクトで出張に関するお世話をしてくださった方々にお礼申し上げます。

本書のイラストを引き受けてくださった中原直子さんにお礼申し上げます。また、写真提供を快諾してくださった河合省三、市岡孝朗、兵藤不二夫、小泉 都、中川弥智子、野村有子、竹内やよい(第4章扉写真提供)、田中 洋の諸氏に厚くお礼申し上げます。写真の同定にご協力くださった小野展嗣、谷川明男、松本浩一の諸氏に感謝いたします。安富奈津子さんには、エルニーニョ現象に関して、有益なコメントを頂きました。ありがとうございました。

友人の青木一彦さん、佐々木義登さんには、本書の原稿を読んでもらい、的確なコメントを頂きました。本書に読みにくい点が残っていれば、私が彼らの助言を活かしきれていないためです。お二人のご協力に心から感謝いたします。

夫・年郎には、研究を続けていくうえで、また本書の執筆において、たくさんの励ましをもらってきました。そして、母・桃子、義母・早智子をはじめとして両家族の理解なしでは、学業と海外での生活を続けることはできなかったでしょう。彼らに深く感謝の意を表します。

二〇一〇年七月

岸本圭子

Leigh Jr., A. S. Rand and D. M. Windsor (Eds.). The ecology of a tropical forest. Seasonal rhythms and long-term changes (Second edition), pp. 319-330. Smithsonian Institution.

Wolda, H. and F. W. Fisk (1981) Seasonality of tropical insects. II. Blattaria in Panama. Journal of Animal Ecology, 50: 827-838.

Wolda. H. and E. Broadhead (1985) Seasonality of Psocoptera in two tropical forests in Panama. Journal of Animal Ecology, 54: 519-530.

Wolda. H., C. W. O'Brien and H. P. Stockwell (1998) Weevil diversity and seasonality in tropical Panama as deduced from light-trap catches (Coleoptera: Curculionoidea). Smithsonian Contributions to Zoology, 590: 1-75.

structure of ground beetle assemblages (Coleoptera: Carabidae) at fig fruit falls (Moraceae) in a terra firme rain forest near Manaus (Brazil). Journal of Tropical Ecology 17: 549-561.

Pokon, R., V. Novotny, and G. A. Samuelson. 2005. Host specialization and species richness of root-feeding chrysomelid larvae (Chrysomelidae, Coleoptera) in a New Guinea rain forest. Journal of Tropical Ecology 21: 595-604.

Reid, C. A. M. (1995) A cladistic analysis of subfamilial relationships in the Chrysomelidae sensu lato (Chrysomeloidea). In J. Pakaluk and S. A. Slipinski (Eds.). Biology, phylogeny, and classification of Coleoptera papers celebrating the 80th Birthday of Roy A. Crowson, pp. 559-631. Muzeum i Instytut Zoologii PAN, Warszawa.

Sakai, S., K. Momose, T. Yumoto, T. Nagamitsu, H. Nagamasu, A. A. Hamid and T. Nakashizuka (1999a) Plant reproductive phenology over four years including an episode of general flowering in a lowland dipterocarp forest, Sarawak, Malaysia. American Journal of Botany, 86: 1414-1436.

Sakai, S., K. Momose, T. Yumoto, M. Kato and T. Inoue (1999b) Beetle pollination of Shorea parvifolia (section Mutica, Dipterocarpaceae) in a general flowering period in Sarawak, Malaysia. American Journal of Botany, 86: 62-69.

Sakai, S., R. D. Harrison, K. Momose, K. Kuraji, H. Nagamasu, T. Yasunari, L. Chong and T. Nakashizuka (2006) Irregular droughts trigger mass flowering in aseasonal tropical forests in Asia. American Journal of Botany, 93: 1134-1139.

Takizawa, H. (1994) Seasonal changes in leaf beetle fauna of a warm temperate lowland in Japan. In P. H. Jolivet, M.L. Cox and E. Petitpierre (Eds.) Novel Aspects of the Biology of Chrysomelidae, pp.511-523.

Timmermann, A., J. Oberhuber, A. Bacher, M. Esch, M. Latif and E. Roeckner (1999) Increased El Niño frequency in a climate model forced by future greenhouse warming. Nature, 398: 694-697.

Wolda, H. (1978a) Fluctuations in abundance of tropical insects. American Naturalist, 112: 1017-1045.

Wolda, H. (1978b) Seasonal fluctuations in rainfall, food and abundance of tropical insects. Journal of Animal Ecology, 47: 369-381.

Wolda, H. (1983) "Long-term" stability of tropical insect populations. Researches on Population Ecology, 3:112-126.

Wolda, H. (1988) Insect seasonality: why? Annual Review of Ecology and Systematics, 19: 1-18.

Wolda, H. (1996) Seasonality of Homoptera on Barro Corolado Island. In E. G.

ance and seasonality of evapotranspiration in a Bornean tropical rainforest. Agricultural and Forest Meteorology, 128: 81-92.

Kumagai, T., N. Yoshifuji, N. Tanaka, M. Suzuki, and T. Kume (2009) Comparison of soil moisture dynamics between a tropical rainforest and a tropical seasonal forest in Southeast Asia: impact of seasonal and year-to-year variations in rainfall. Water Resources Research, 45, w04413.

Lee H. S., P. S. Ashton, T. Yamakura, S. Tan, S. J. Davis, A. Itoh, E. O. K. Chai, T. Ohkubo and J. V. LaFrankie (2002) The 52-hectare forest research plot at Lambir Hills, Sarawak, Malaysia: Three distribution maps, diameter tables and species documentation. 621pp. Forest Department Sarawak, The Arnold Arboretum-CTFS Asia Program, The Smithsonian Tropical Research Institute.

Momose, K., T. Yumoto, T. Nagamitsu, M. Kato, H. Nagamasu, S. Sakai, R. D. Harrison, T. Itioka, A. A. Hamid and T. Inoue (1998) Pollination biology in a lowland dipterocarp forest in Sarawak, Malaysia. I. Characteristics of the plant-pollinator community in a lowland dipterocarp forest. American Journal of Botany, 85: 1477-1501.

Nakagawa, M., T. Kenta, T. Nakashizuka, T. Ohkubo, T. Kato, T. Maeda, K. Sato, H. Miguchi, H. Nagamasu, K. Ogino, S. Teo, A. A. Hamid and H. S. Lee (2000) Impact of severe drought associated with the 1997-1998 El-Niño in a tropical forest in Sarawak. Journal of Tropical Ecology, 16: 355-367.

Nakamura, K., I. Abbas and A. Hasyim (1989) Survivorship and fertility schedules of two Sumatran tortoise beetles,Aspidomorpha miliaris and A. sanctaecrucis (Coleoptera: Chrysomelidae) under laboratory conditions. Researches on Population Ecology, 31: 25-34.

Novotny, V., Y. Basset, S. E. Miller, G. D. Weiblen, B. Bremer, L. Cizek, and P. Drozd (2002) Low host specificity of herbivorous insects in a tropical forest. Nature, 41:6841-844.

Novotny, V., S. E. Miller, J. Hulcr, R. A. I. Drew, Y. Basset, M. Janda, G. P. Setliff, K. Darrow, A. J. A. Stewart, J. Auga, B. Isua, K. Molem, M. Manumbor, E. Tamtiai, M. Mogia and G. D. Weiblen (2007) Low beta diversity of herbivorous insects in tropical forests. Nature, 448: 692-695.

Orr, A. G. and C. L. Haeuser (1996) Temporal and spatial patterns of butterfly diversity in a lowland tropical rainforest. In D. S. Edwards, W. E. Booth and S. C. Choy (Eds.). Tropical rainforest research–current issues, pp. 125-138. Kluwer Academic Publishers, Netherlands.

Paarmann, W., J. Adis, N. Stork, B. Gutzmann, P. Stumpe, B. Staritz, H. Bolte, S. Küppers, K. Holzkamp, C. Niers, and C. R. V. Da Fonseca. 2001. The

of light-attracted insect communities in a dipterocarp forest in Sarawak. Researches on Population Ecology, 37: 59-79.

Kato, M., T. Itioka, S. Sakai, K. Momose, S. Yamane, A. A. Hamid and T. Inoue (2000) Various population fluctuation patterns of light-attracted beetles in a tropical lowland dipterocarp forest in Sarawak. Population Ecology, 42: 97-104.

Kishimoto-Yamada, K., T. Itioka and S. Kawai (2005) Biological characterization of the obligate symbiosis between Acropyga sauteri Forel (Hymenoptera: Formicidae) and Eumyrmococcus smithii Silvestri (Hemiptera: Pseudococcidae: Rhizoecinae) on Okinawa Island, southern Japan. Journal of Natural History, 39: 3501-3524.

Kishimoto-Yamada, K. and T. Itioka (2008a) Survival of flower-visiting chrysomelids during non general-flowering periods in Bornean dipterocarp forests. Biotropica, 40: 600-605.

Kishimoto-Yamada, K. and T. Itioka (2008b) Consequences of a severe drought associated with El Niño-Southern Oscillation on a light-attracted leaf-beetle (Coleoptera, Chrysomelidae) assemblage in Borneo. Journal of Tropical Ecology, 24: 229-233.

K. Kishimoto-Yamada, T. Itioka, K. Momose, and T. Nakashizuka (2008c) Chapter 3-1, Effects of forest changes after the abandonment of slash-and-burn cultivation on the beetle diversity in Sarawak, Malaysia. In Ichikawa, S. Yamashita, and T. Nakashizuka (Eds.). Sustainability and Biodiversity Assessment on Forest Utilization Options. pp. 77-81. Project 2-2, Research Institute for Humanity and Nature.

Kishimoto-Yamada, K., T. Itioka, S. Sakai, K. Momose, T. Nagamitsu, H. Kaliang, P. Meleng, L. Chong, A.A. Hamid Karim, S. Yamane, M. Kato, C.A.M. Reid, T. Nakashizuka and T. Inoue (2009) Population fluctuations of light-attracted chrysomelid beetles in relation to supra-annual environmental changes in a Bornean rainforest. Bulletin of Entomological Research, 99: 217-227.

K. Kishimoto-Yamada, T. Itioka, S. Sakai, and T. Ichie. Seasonality in light-attracted chysomelid poplations in Bornean rain forest. *Insect Conservation and Diversity*（印刷中）

Krell, F-T. (2004) Parataxonomy vs. taxonomy in biodiversity studies – pitfalls and applicability of 'morphospecies' sorting. Biodiversity and Conservation, 13: 795-812.

Kumagai, T., T. M. Saitoh, Y. Sato, H. Takahashi, O. J. Manfroi, T. Morooka, K. Kuraji, M. Suzuki, T. Yasunari and H. Komatsu (2005) Annual water bal-

参考文献

Appanah, S. and H. T. Chan (1981) Thrips: The pollinators of some dipterocarps. Malaysian Forester, 44: 234-252.

Ashton, P. S., T. J. Givnish and S. Appanah (1988) Staggered flowering in the Dipterocarpaceae: new insights into floral induction and the evolution of mast fruiting in the aseasonal tropics. American Naturalist, 132: 44-66.

Basset, Y., V. Novotny, S. E. Miller and R. Pyle (2000) Quantifying biodiversity: experience with parataxonomists and digital photography in Papua New Guinea and Guyana. BioScience, 50: 899-908.

Cleary, D. F. and A. Grill (2004) Butterfly response to severe ENSO-induced forest fires in Borneo. Ecological Entomology, 29: 666-676.

Elton, C. S. (1958) The ecology of invasions by animals and plants. 181pp. Methuen and Co Ltd. London.

Erwin, T. L. (1982) Tropical forests: their richness in Coleoptera and other arthropod species. Coleopterists Bulletin, 36: 74-75.

Harrison, R. D. (2000) Repercussions of El Niño: drought causes extinction and the breakdown of mutualism in Borneo. Proceedings of the Royal Society B, 267: 911-915.

Harrison, R. D. (2005) A severe drought in Lambir Hills National Park. In D. W. Roubik, S. Sakai and A. A. Hamid Karim (Eds.). Pollination ecology and the rain forest Sarawak studies, pp. 51-64. Springer, New York.

市栄智明・市岡孝朗・伊東 明（2009）野外研究サイトから（12）ランビル・ヒルズ国立公園．日本生態学会誌．59: 227-232.

Itioka, T., T. Inoue, H. Kaliang, M. Kato, T. Nagamitsu, K. Momose, S. Sakai, T. Yumoto, S. U. Mohamad, A. A. Hamid and S. Yamane (2001) Six-year population fluctuation of the giant honey bee Apis dorsata (Hymenoptera: Apidae) in a tropical lowland dipterocarp forest in Sarawak. Annals of Entomological Society of America, 94: 545-549.

Itioka, T. and M. Yamauti (2004) Severe drought, leafing phenology, leaf damage and lepidopteran abundance in the canopy of a Bornean aseasonal tropical rain forest. Journal of Tropical Ecology, 20: 479-482.

Itioka, T., T. Yamamoto, T. Tzuchiya, T. Okubo, M. Yago, Y. Seki, Y. Ohshima, R. Katsuyama, H. Chiba and O. Yata (2009) Butterflies collected in and around Lambir Hills National Park, Sarawak, Malaysia in Borneo. Contributions from the Biological Laboratory Kyoto University, 30: 25-68.

Kato, M., T. Inoue, A. A, Hamid, T. Nagamitsu, M. B. Merdek, A. R. Nona, T. Itino, S. Yamane and T. Yumoto (1995) Seasonality and vertical structure

索引

著者紹介

岸本圭子（きしもと　けいこ）
1977年生まれ
京都大学大学院人間環境学研究科　博士（人間・環境学）
総合地球環境学研究所プロジェクト研究員

フィールドの生物学④
虫《むし》をとおして森《もり》をみる—熱帯雨林《ねったいうりん》の昆虫《こんちゅう》の多様性《たようせい》—

2010年9月5日　第1版第1刷発行

著　者　岸本圭子
発行者　安達建夫
発行所　東海大学出版会
〒257-0003　神奈川県秦野市南矢名3-10-35
TEL 0463-79-3921　FAX 0463-69-5087
URL http://www.press.tokai.ac.jp
振替 00100-5-46614
組版所　株式会社桜風舎
印刷所　株式会社真興社
製本所　株式会社積信堂

ISBN978-4-486-01843-8

丸山宗利 編著	森と水辺の甲虫誌	A5変	三三六頁	三二〇〇円
大井　徹 著	ツキノワグマ ―クマと森の生物学―	A5変	二六四頁	三二〇〇円
小山直樹 著	マダガスカル島 ―西インド洋地域研究入門―	A5変	三五二頁	三八〇〇円
土屋　誠 藤田陽子 著	サンゴ礁のちむやみ ―生態系サービスは維持されるか―	A5変	二一二頁	二八〇〇円
青木淳一 著	ホソカタムシの誘惑	A5変	二〇〇頁	二八〇〇円
安田雅敏他 著	熱帯雨林の自然史 ―東南アジアのフィールドから―	A5	三〇〇頁	三八〇〇円
村山　司他 著	イルカ・クジラ学 ―イルカとクジラの謎に挑む―	A5変	二五六頁	二八〇〇円

ここに表示された金額は本体価格です．御購入の際には消費税が加算されますので御了承下さい．